电力作业个人防护器具实用技术问答

（第二版）

钱　苗　李志伟　马　恒　余虹云　编

中国电力出版社
CHINA ELECTRIC POWER PRESS

内 容 提 要

依据现行的 DL 5009.1～2《电力建设安全工作规程》、Q/GDW 1799.1～2《国家电网公司电力安全工作规程》进行调整，并结合新材料、新工艺、新技术进行内容的更新替换，形成《电力作业个人防护器具实用技术问答（第二版）》。

本书共分十章，以一问一答的形式重点介绍电力作业中需配置的头部防护、眼部防护、面部及呼吸防护、耳部防护、手部防护、足部防护、身体防护、绝缘防护、触电防护及坠落防护器具的结构原理、技术要求、检验方法、使用维护要求及使用注意事项等内容，为电力作业人员检验、使用、维护个人防护器具提供技术支持，为正确掌握电力作业个人防护器具的实用技术打下良好基础，从而保障电力作业人员的人身安全。

本书可作为电力生产企业一线的工作人员、安全员和监督管理人员的岗位培训教材，也可作为电力相关工作人员及相关专业院校师生的参考用书。

图书在版编目（CIP）数据

电力作业个人防护器具实用技术问答/钱苗等编. —2版. —北京：中国电力出版社，2023.11
ISBN 978-7-5198-8250-1

Ⅰ.①电… Ⅱ.①钱… Ⅲ.①电力工业-个体保护用品-问题解答 Ⅳ.①TM08-44

中国国家版本馆 CIP 数据核字（2023）第 205912 号

出版发行：中国电力出版社
地　　址：北京市东城区北京站西街 19 号（邮政编码 100005）
网　　址：http://www.cepp.sgcc.com.cn
责任编辑：翟巧珍（010-63412351）
责任校对：黄　蓓　朱丽芳
装帧设计：张俊霞
责任印制：石　雷

印　　刷：廊坊市文峰档案印务有限公司
版　　次：2006 年 9 月第一版　2023 年 11 月第二版
印　　次：2023 年 11 月北京第一次印刷
开　　本：710 毫米×1000 毫米　16 开本
印　　张：12.5
字　　数：237 千字
印　　数：0001—1000 册
定　　价：58.00 元

前　言

近年来，各式各样的电力作业个人防护器具在其功能和技术要求上，仍然脱离不开标准的约束。随着电力作业场景逐渐丰富，对电力作业个人防护器具的要求不断改变和丰富。行之有效、便捷、安全的个人防护器具对于电力现场作业人员的重要性不言而喻。考虑到标准的迭代废止和防护设备的推陈出新，作业人员正确掌握现有的电力作业个人防护器具的检验要求与使用方法，正确选用安全、可靠的个人防护器具和发挥个人防护器具功能的实际需求，本书进行了修订，形成了《电力作业个人防护器具实用技术问答（第二版）》。

本书介绍了在电力作业中需配置的头部防护、眼部防护、面部及呼吸防护、耳部防护、手部防护、足部防护、身体防护、绝缘防护、触电防护、坠落防护等电力专业知识内容，解答了在电力作业现场对于人体防护的各类疑问。

本书的第一版由陈良、余虹云、方旭初和张学东执笔主编。本书的第二版由钱苗担任主编，组织改编大纲和校审工作，李志伟、马恒和余虹云参加了修改与增补编写工作。

鉴于编者现有知识水平的局限性，对于人体防护的研究工作仍有待深入提高，加之写作时间的限制，瑕疵和纰漏在所难免，恳请读者予以指出并提供宝贵建议。

编　者

2023 年 9 月

目　录

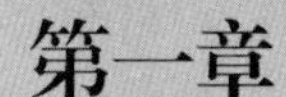

第一章

头 部 防 护

1－1　安全帽的作用是什么？

答：安全帽主要是用来保护工作人员头部，使头部免受坠落物冲击、侧向撞击、穿刺、挤压及其他特定因素引起的外力冲击伤害。

1－2　安全帽的种类有哪些？分别适用哪些场所？

答：（1）按帽壳制造材料分类，有塑料安全帽、玻璃钢安全帽、橡胶安全帽、竹编安全帽、铝合金安全帽和纸胶安全帽等。前四种材料的安全帽被广泛使用，后两种则使用较少。依据帽壳的外部形状可以划分为单顶筋、双顶筋、多顶筋、“V”字顶筋、“米”字顶筋、无顶筋和钢盔式等多种形式。

（2）按帽檐尺寸分类，有大檐、中檐、小檐和卷檐安全帽，其帽檐尺寸分别为50～70mm、30～50mm以及0～30mm。

（3）按作业场所分类，有一般作业类和特殊作业类安全帽。一般作业类安全帽用于具有一般冲击伤害的作业场所，如建筑工地等；特殊作业类安全帽用于有特殊防护要求的作业场所，如低温、带电、有火源等场所。不同类别的安全帽，其技术性能要求也不一样，使用时应根据实际需求加以选择。

1－3　安全帽的结构及各部分的作用是什么？

答：安全帽由帽壳、帽衬、下颌带等组成，如图1－1所示，各部分作用如下。

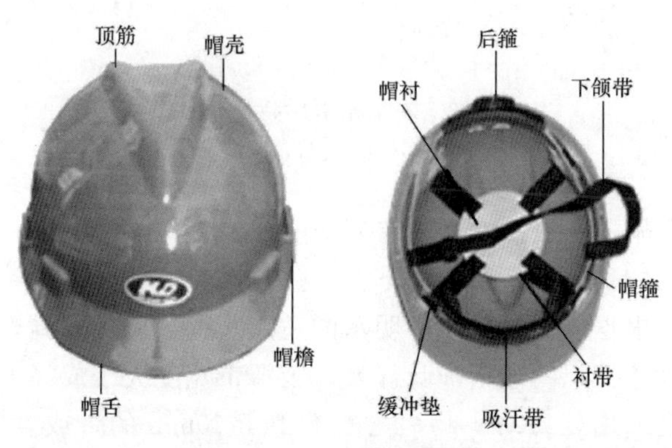

图1－1　安全帽结构

（1）帽壳：安全帽外表面的组成部分，由帽舌、帽檐和顶筋组成。帽舌和帽檐有防止碎渣、淋水流入颈部和防止阳光直射眼部的功能。顶筋是帽壳顶部凸起的部分，用来增强安全帽的抗冲击强度，使帽壳受冲击后不致因变形太大而触顶。

（2）帽衬：帽壳内部部件的总称，由帽箍、吸汗带、缓冲垫和衬带等组成。帽衬在冲击过程中起主要的缓冲作用。

1）帽箍：绕头围部分起固定作用的带圈，包括调节带圈大小的结构，如后箍，可调整帽箍与佩戴人员头部之间的贴紧度、舒适度，使安全帽佩戴后不易脱落。

2）吸汗带：附加在帽箍上的吸汗材料。

3）缓冲垫：设置在帽箍和帽壳之间吸收冲击能力的部件。

4）衬带：与头顶直接接触的带子，在冲击过程中将冲击力均匀地分布于头顶部。

（3）下颌带：系在下巴上，起辅助固定作用的带子，由系带、锁紧卡组成。

1）系带起固定作用。

2）锁紧卡是调节与固定系带有效长短的零部件。

（4）附件：附加于安全帽的装置，包括眼面部防护装置、耳部防护装置、主动降温装置、电感应装置、颈部防护装置、照明装置、警示标志等。其中较为常用的是耳罩、头灯及面罩等专业作业用附件，如图 1-2 所示。

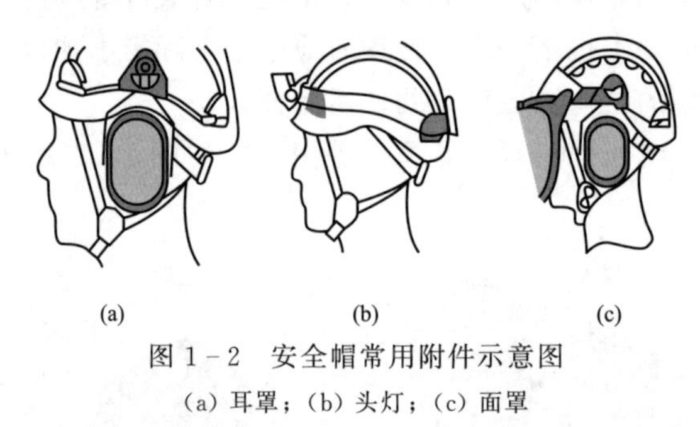

图 1-2　安全帽常用附件示意图

(a) 耳罩；(b) 头灯；(c) 面罩

1-4　安全帽的一般技术要求有哪些？

答：安全帽的一般技术要求如下：

（1）帽箍可根据安全帽标识中明示的适用头围尺寸进行调整。帽箍对应前额的区域应有吸汗性织物或增加吸汗带，吸汗带宽度大于或等于帽箍的宽度。

（2）系带应采用软质纺织物，宽度不小于 10mm 的带或直径不小于 5mm 的绳。

（3）不得使用有毒、有害或引起皮肤过敏等人体伤害的材料。

（4）材料耐老化性能应不低于产品标识明示的日期，正常使用的安全帽在使用期内不能因材料原因导致其性能低于标准要求。所有使用的材料应具有相应的预期寿命。

（5）当安全帽配有附件时，应保证安全帽正常佩戴时的稳定性，应不影响安全帽的正常防护功能。

1-5　安全帽的尺寸要求有哪些？

答：安全帽的尺寸要求如下：

（1）帽壳内部尺寸：长为195～250mm；宽为170～220mm；高为120～150mm。

（2）帽舌：10～70mm。

（3）帽檐：≤70mm。

（4）佩戴高度是指安全帽在佩戴时，帽箍底部至头顶最高点的轴向距离。按照GB/T 2812—2006《安全帽测试方法》规定的方法测量，佩戴高度应为80～90mm。

（5）垂直间距是指安全帽在佩戴时，头顶最高点与帽壳内表面之间的轴向距离（不包括顶筋的空间）。按照GB/T 2812—2006规定的方法测量，垂直间距应≤50mm。

（6）水平间距是指安全帽在佩戴时，帽箍与帽壳内侧之间在水平面上的径向距离为5～20mm。

（7）突出物：帽壳内侧与帽衬之间存在的突出物高度不得超过6mm，突出物应有软垫覆盖。

（8）通气孔：当帽壳留有通气孔时，通气孔总面积为150～450mm^2。

其中佩戴高度和垂直间距是安全帽的两个重要尺寸要求，佩戴高度大小直接影响安全帽佩戴的稳定性；垂直间距大小直接影响安全帽的冲击吸收性能。

1-6　对安全帽的重量要求有哪些？

答：安全帽的整体重量在保护良好的技术性能的前提下越轻越好，以减轻佩戴者头颈部的负担。普通安全帽不超过430g，防寒安全帽不超过600g。

1-7　安全帽的基本技术性能要求有哪些？

答：安全帽的基本技术性能要求如下：

（1）冲击吸收性能是指安全帽在受到坠落物冲击时对冲击能量的吸收能力。较好的安全帽在冲击吸收过程中能将所承受的冲击能力吸收80%～90%，使作用在人体上的冲击力降到最低，以达到最佳的保护效果。冲击吸收能量指标的制定是以人体颈椎面能够承受的最大冲击力为依据的。按照GB/T 2812—2006规定的方法，经高温、低温、浸水、紫外线照射预处理后做冲击测试，传递到头模上的力不超过4900N，帽壳不得有碎片脱落。

（2）耐穿刺性能是安全帽受到带尖角的坠物冲击时抗穿透的能力，这是对帽壳强度的检验。要求帽壳材料具有较好的强度和韧性，使安全帽在受到尖锐坠落物冲击时不会因帽壳太软而穿透，也不会因帽壳太脆而破裂，以防坠物扎伤人体头部。按照GB/T 2812—2006规定的方法，经高温、低温、浸水、紫外线照射预处理后做穿刺测试，钢锥不得接触头模表面，帽壳不得有碎片脱落。

（3）下颌带的强度。按照GB/T 2812—2006规定的方法，下颌带发生破坏时的力值应为150～250N。

1-8　安全帽的特殊技术性能要求有哪些？

答：安全帽的特殊技术性能要求如下：

（1）防静电性能。按照GB/T 2812—2006规定的方法进行测试，表面电阻率不大于$1\times10^{9}\Omega\cdot m$。

（2）电绝缘性能。按照GB/T 2812—2006规定的方法进行测试，泄漏电流不超过1.2mA。

（3）侧向刚性。按照GB/T 2812—2006规定的方法进行测试，最大变形不超过40mm，残余变形不超过15mm，帽壳不得有碎片脱落。

（4）阻燃性能。按照GB/T 2812—2006规定的方法进行测试，续燃时间不超过5s，帽壳不得烧穿。

（5）耐低温性能。按照GB/T 2812—2006规定的方法，经低温（－20℃）预处理后做冲击测试，冲击力值应不超过4900N；帽壳不得有碎片脱落。按照GB/T 2812—2006规定的方法，经低温（－20℃）预处理后做穿刺测试，钢锥不得接触头模表面；帽壳不得有碎片脱落。

1-9　安全帽的外观检查包括哪些内容？

答：安全帽使用与试验前应进行外观检查，检查内容包括：安全帽的永久性标识清晰，安全帽的帽壳、帽箍、缓冲垫（顶衬）、后箍、下颌带等组件应完好无损无缺失。帽壳表面应平整、光滑，无裂纹、毛刺和飞边，无灼伤、冲击痕迹，帽衬与帽壳连接牢固，锁紧卡开闭灵活，卡位牢固。

1-10　安全帽的预防性试验有哪些要求？

答：新购入以及到使用年限需延长使用期限的安全帽（塑料、玻璃钢）应按批抽检。试验项目为常温冲击吸收性能试验和常温耐穿刺性能试验。

需延长使用的安全帽的样品帽应从使用条件最严酷场所的安全帽中抽取，抽样数量为同批次总数的2%（不足1顶按1顶抽取）。合格后方可继续使用，以后每年抽检一次，抽检发现有不合格者，则该批次安全帽即报废。

对普通绝缘安全帽，每年需进行1次交流泄漏电流试验。

对带电作业用绝缘安全帽，每6个月需进行1次工频耐压试验。

1－11　安全帽冲击吸收性能试验方法是什么？

答：安全帽冲击吸收性能测试装置示意图见图1－3，根据安全帽的佩戴高度选择合适的头模，将预处理后的安全帽正常佩戴在头模上，并保证帽箍与头模的接触为自然佩戴状态且稳定；调整钢锤（5kg）的高度 H 为（1000±5)mm，调整钢锤的轴线同传感器的轴线重合；对安全帽进行测试，记录冲击力值，准确到1N。传递到头模上的力不超过4900N，帽壳无碎片脱落，则试验通过。

1－12　安全帽耐穿刺性能试验方法是什么？

答：安全帽耐穿刺性能测试装置示意图见图1－4。根据安全帽的佩戴高度选择合适的头模；将预处理后的安全帽正常佩戴在头模上，并保证帽箍与头模的接触为自然佩戴状态且稳定；调整穿刺锥（3kg）尖至帽顶接触点的高度 H 为（1000±5)mm，调整穿刺锥的轴线使其穿过安全帽帽顶中心直径100mm范围内结构最薄弱处；对安全帽进行测试，若穿刺锥接触头模顶部，通电装置立刻蜂鸣，记录穿刺结果。穿刺锥不接触头模表面，安全帽帽壳无碎片脱落，则试验通过。

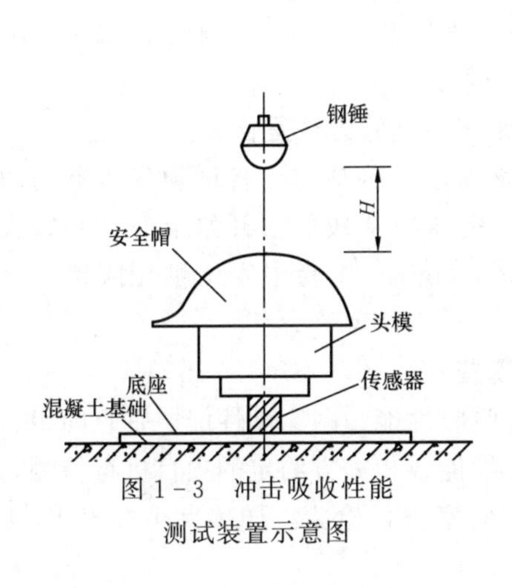

图1－3　冲击吸收性能测试装置示意图

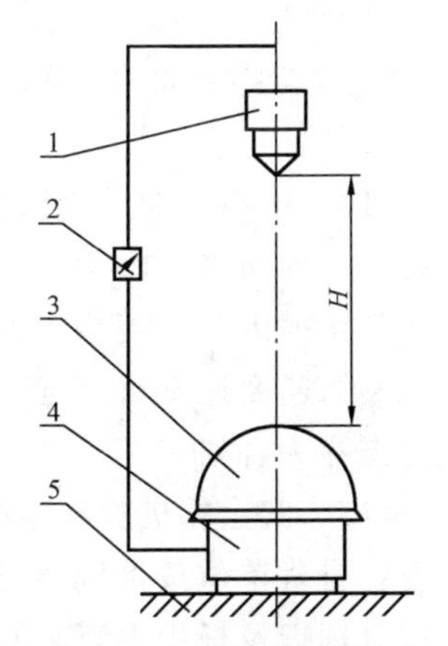

图1－4　耐穿刺性能测试装置示意图

1—穿刺锥；2—通电显示装置；3—安全帽；4—头模；5—基座

1－13　普通绝缘安全帽交流泄漏电流试验方法是什么？

答：安全帽应在温度为（20±2)℃、浓度为3g/L的氯化钠溶液的水槽里完全浸泡24h。从水中取出安全帽后应在2min内将安全帽表面擦干，应优先采用测试方法2和测试方法3进行测量。两种测试方法检测结果同时合格方为合格。如果安全帽有通气孔、金属零件贯穿帽壳等情况时采用测试方法1和测试方法 3 进行测量。两种测试方法检测结果同时合格方为合格。测得的交流泄漏电流不超过 1.2mA 为合格。

（1）测试方法 1。将安全帽放在头模上，锁紧帽箍；将探头接触安全帽外表面的任意一处，探头直径 4mm，顶端为半球形；在头模和探头之间施加交流测试电压，调整测试电压在 1min 内增加至（1200±25）V，保持 15s；重复进行测试，每顶安全帽测试 10 个点。记录泄漏电流的大小及可能的击穿现象。

（2）测试方法 2。试验布置见图 1－5。将安全帽倒放在试验水槽中，在水槽和帽壳中注入 3g/L 的氯化钠溶液，直至溶液面距帽壳边缘 10mm 为止。将电极分别放入帽壳内外的溶液中，调整测试电压在 1min 内增加至（1200±25）V，保持 15s。记录泄漏电流的大小及可能的击穿现象。

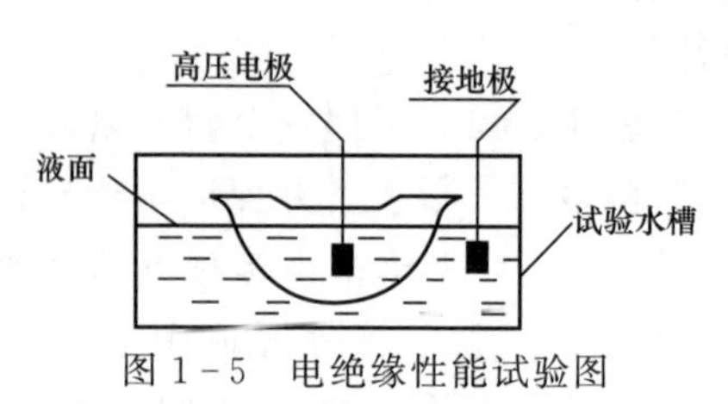

图 1－5　电绝缘性能试验图

（3）测试方法 3。用两个探头接触安全帽外表面上任意两点并施加电压，两点间的距离不小于 20mm。探头直径 4mm，顶端为半球形；调整测试电压在 1min 内增加至（1200±25）V，保持 15s；测量安全帽表面两点间的泄漏电流，重复进行测试，每顶安全帽测试 10 个点，记录泄漏电流的大小及可能的击穿现象。

1－14　带电作业用绝缘安全帽工频耐压试验方法是什么？

答：试验布置同图 1－5，将氯化钠溶液替换成水。将试验变压器的两端分别接到水槽内和帽壳内的水中，试验电压应从较低值开始上升，并以大约 1000V/s 的速度逐渐升压至 20kV，保持 1min。试验中安全帽无闪络、无发热、无击穿为合格。

1－15　安全帽进货检验的要求有哪些？

答：进货单位按批量对安全帽冲击吸收性能、耐穿刺性能、垂直间距、佩戴高度、标识及标识中声明的特殊技术性能或相关方约定的项目进行检测，无检验能力的单位应到有资质的第三方实验室进行检验。样本大小按表 1－1 执行，检验项目必须全部合格。

表 1－1　样本大小

批量范围	＜500	≥500～5000	≥5000～50 000	≥50 000
样本大小	1×n	2×n	3×n	4×n

注　n 为满足规定检验项目需求的顶数。

1－16　对安全帽的标识有哪些要求？

答：每顶安全帽的标识由永久标识和产品说明组成。

(1) 永久标识。刻印、缝制、铆固标牌、模压或注塑在帽壳上的永久性标志，必须包括采用的技术标准编号、制造厂名、生产日期（年、月）、产品名称（由生产厂命名）、产品的特殊技术性能（如果有）。

(2) 产品说明。每个安全帽均要附加一个含有下列内容的说明材料，可以使用印刷品、图册或耐磨不干胶贴等形式，提供给最终使用者。必须包括：

1) 声明“为充分发挥保护力，安全帽佩戴时必须按头围的大小调整帽箍并系紧下颌带”；

2) 声明“安全帽在经受严重冲击后，即使没有明显损坏，也必须更换”；

3) 声明“除非按制造商的建议进行，否则对安全帽配件进行的任何改造和更换都会给使用者带来危险”；

4) 是否可以改装的声明；

5) 是否可以在外表面涂敷油漆、溶剂、不干胶贴的声明；

6) 制造商的名称、地址和联系资料；

7) 为合格品的声明及资料；

8) 适用和不适用场所；

9) 适用头围的大小；

10) 安全帽的报废判别条件和保质期限；

11) 调整、装配、使用、清洁、消毒、维护、保养和储存方面的说明和建议；

12) 使用的附件和备件（如果有）的详细说明。

1-17　高压近电报警安全帽有哪些功能？

答：高压近电报警安全帽是一种带有高压近电报警功能的安全帽，一般由普通安全帽和高压近电报警器组合而成。

1-18　防寒安全帽有哪些功能？其面料有哪些？

答：防寒安全帽适用于冬季选择佩戴并满足防寒要求。防寒安全帽的帽壳、帽衬、帽箍等部件的用料与普通安全帽相仿，防寒部分的面料一般用棉织品、化纤制品等；帽衬里可用绒布、羊剪绒、长毛绒等。目前较实用的方法是先在头上戴防寒头套再佩戴普通的安全帽，如图1-6所示。

图1-6　防寒头套加戴安全帽示意图

1-19　带有通气孔的安全帽通气孔的设计有哪些要求？

答：夏季应考虑散热等情况，应选择使用有通气孔安全帽，安全帽上通气孔的设计要求：

(1) 当工作人员佩戴安全帽后，应充分考虑由于散热不良给佩戴者带来的不适。通气孔作为主要的散热措施应该受到制造商及采购方的重视。通气孔的设置应根据佩戴者的工作环境、劳动强度、气象条件及被保护的严密程度等确定。

(2) 通气孔的设置应使空气尽可能对流，推荐的方法是使空气从安全帽底部边缘进入，从安全帽上部 1/3 位置处开孔排出。

(3) 帽衬同帽壳或缓冲垫之间应保留一定的空间，使空气可以流通，缓冲垫不应遮盖通气孔。

(4) 安全帽上通气孔总面积为 150～450mm^2。

(5) 如果可以提供关闭通气孔的措施，通气孔应可以开到最大。

1-20　安全帽的适用场所有哪些？

答：安全帽的适用场所：

(1) 普通安全帽适用于大部分工作场所，包括建设工地、工厂、电厂、普通运输等。在这些场所可能存在坠落物伤害、轻微磕碰、飞溅的小物品引起的打击等。

(2) 有特殊性能的安全帽可作为普通安全帽使用，并具有普通安全帽的所有性能。特殊性能可以按照不同组合适用于特定的场所。按照特殊性能的种类其对应的工作场所包括：

1) 阻燃性。它适用于可能短暂接触火焰、短时局部接触高温物体或暴露于高温的场所。

2) 抗侧压性能。它适用于可能发生侧向挤压的场所，包括可能发生塌方、滑坡的场所；存在可预见的翻倒物体；可能发生速度较低的冲撞场所。

3) 防静电性能。它适用于对静电高度敏感、可能发生引爆燃的危险场所，包括油船船舱、含高浓度瓦斯煤矿、天然气田、烃类液体灌装场所、粉尘爆炸危险场所及可燃气体爆炸危险场所；在上述场所中安全帽可能同佩戴者以外的物品接触或摩擦；同时使用防静电安全帽时所穿戴的衣物应遵循 GB 12014—2019《防护服装　防静电服》的要求。

4) 绝缘性能。它适用于可能接触 400V 以下三相交流电的工作场所。

5) 耐低温性能。它适用于头部需要保温且环境温度不低于－20℃的工作场所。

(3) 其他可能存在的特殊性能。根据工作的实际情况可能存在以下特殊性能，包括摔倒及跌落的保护、导电性能、防高压电性能、耐超低温、耐极高温性能、抗熔融金属性能等。

1-21　对安全帽的颜色有哪些要求？

答：安全帽的颜色可根据不同工种和不同作业场所的背景需要，分别采用浅显醒目的颜色，便于引起高空作业人员及其他在场作业人员的注意和识别。有研究表明，在光线充足的情况下，安全帽的醒目程度由高到低的排序为：黄色—白色—红色—粉红色—银色—黑色—深蓝色；在光线不足的情况下，安全帽的醒目程度由高到低的排序为：黄色—白色—粉红色—银色—红色—深蓝色—黑色。其中黄色、白色最醒目，黑色和深蓝色最不醒目。高处作业时，考虑到安全帽应与天空色彩保持一定的反差，作业者不宜选择浅色的安全帽，宜以黄色或红色为最佳选择。

1－22　选用安全帽有哪些要求？

答：选用安全帽时，一定要选择符合国家标准规定、标志齐全、经检验合格的安全帽。使用者在选购安全帽产品时还应检查其近期检验报告（近期检验报告由生产厂家提供），并且要根据不同的防护目的选择不同的品种，如带电作业场所的作业人员，就应选择电绝缘性能检验合格的安全帽，否则就达不到防护的作用；如有分层作业区，下部作业人员应尽可能选择佩戴全檐或大后檐安全帽，防止物体坠落时撞击颈部，如图1－7所示。同样给到作业现场来参观、检查、指导或慰问的人员配置安全帽，也最好选用全檐或大后檐安全帽。

图1－7　全檐或大后檐安全帽示意图

1－23　安全帽的使用与维护要求有哪些？

答：使用安全帽时，首先要了解安全帽的防护性能、结构特点，并掌握正确的使用和保养方法，否则，就会使安全帽在受到冲击时起不到防护作用。据有关部门统计，坠落物伤人事故中15%是因为安全帽使用不当造成的。因此，每一个作业人员在使用过程中一定要注意以下问题。

（1）在使用之前一定要仔细检查安全帽上是否有裂纹、碰伤痕迹、凹凸不平、磨损（包括对帽衬的检查），安全帽上如存在影响其性能的明显缺陷就应及时报废，千万不要使用有缺陷的帽子，以免影响防护作用。高压近电报警安全帽使用前应检查其音响部分是否良好。

（2）不能随意在安全帽上拆卸或添加附件，以免影响其原有的防护性能。

（3）不能随意调节帽衬的尺寸。安全帽的内部尺寸（如垂直间距、佩戴高度、水平间距）直接影响安全帽的防护性能，使用者一定不能随意调节，否则，落物冲击一旦发生，安全帽会因佩戴不牢脱出或因冲击触顶而起不到防护作用，直接伤害佩戴者。

（4）使用时一定要将安全帽戴正、戴牢，不要把安全帽歪戴在脑后，正确

图 1-8　正确佩戴安全帽示意图

佩戴安全帽示意图如图 1-8 所示。使用时，要把安全帽下颌带系结实，如图 1-9 所示，调节好后箍以防安全帽脱落。如果安全帽下颌带未系牢，即使帽体与头顶之间有足够的空间，当头前后摆动时，安全帽容易脱落，起不到防护作用。

（5）在使用过程中要爱护安全帽，不能私自在安全帽上打孔，不要随意碰撞安全帽，不要将安全帽当板凳坐，以免影响其强度。

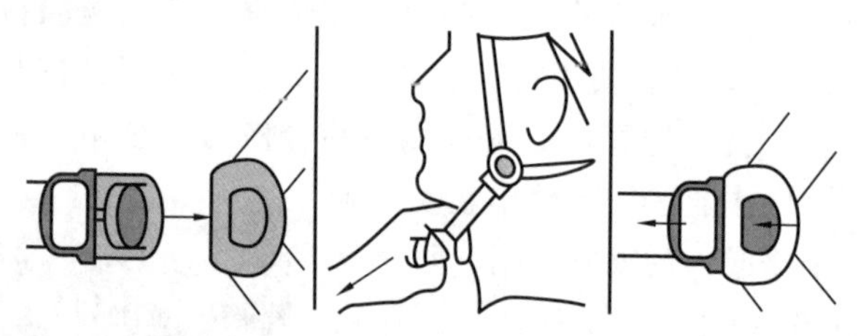

图 1-9　下颌带系结实示意图

（6）受过一次强冲击或做过试验的安全帽不能继续使用，应予以报废。

（7）安全帽不能放置在有酸、碱、高温、日晒、潮湿或化学试剂的场所，以免其老化或变质。

（8）应注意使用在有效期内的安全帽，塑料安全帽的有效期为两年半，植物枝条编织的安全帽有效期为两年，玻璃钢（包括维纶钢）和胶质安全帽的有效期为三年半。对到期的安全帽，应进行抽查测试，合格后方可使用，以后每年抽检一次，抽检不合格，则该批安全帽报废。因安全帽的材质会逐步老化变脆，所以必须定期检查更换。

1-24　《安规》对安全帽相关要求有哪些？

答：DL 5009.1—2014《电力建设安全工作规程　第 1 部分：火力发电》中的有关规定：

4.2.1 中 7 进入施工现场人员必须正确佩戴安全帽，高处作业人员必须正确使用安全带、穿防滑鞋；长发应放入安全帽内。

6.3.9 的 12 中 1）六氟化硫气瓶的安全帽、防震圈应齐全，安全帽应拧紧；搬运时应轻装轻卸，严禁抛掷、溜放。

7.4.4 的 8 中 8）在靠近带电部分作业时，作业人员应戴静电报警安全帽，作业时的正常活动范围与带电设备的安全距离应不小于表 7.4.4 的规定。

Q/GDW 1799.1—2013《国家电网公司电力安全工作规程　变电部分》中的有关规定：

4.3.4 进入作业现场应正确佩戴安全帽，现场作业人员应穿全棉长袖工作服、绝缘鞋。

9.12.1 进行直接接触 20kV 及以下电压等级带电设备的作业时，应穿着合格的绝缘防护用具（绝缘服或绝缘披肩、绝缘手套、绝缘鞋）；使用的安全带、安全帽应有良好的绝缘性能，必要时戴护目镜。使用前应对绝缘防护用具进行外观检查。作业过程中禁止摘下绝缘防护用具。

18.3.1 阀体工作使用升降车上下时，升降车应可靠接地，在升降车上应正确使用安全带，进入阀体前，应取下安全帽和安全带上的保险钩，防止金属打击造成元件、光缆的损坏，但应注意防止高处坠落。

Q/GDW 1799.2—2013《国家电网公司电力安全工作规程　线路部分》中的有关规定：

4.3.4 进入作业现场应正确佩戴安全帽，现场作业人员应穿全棉长袖工作服、绝缘鞋。

13.10.1 进行直接接触 20kV 及以下电压等级带电设备的作业时，应穿着合格的绝缘防护用具（绝缘服或绝缘披肩、绝缘手套、绝缘鞋）；使用的安全带、安全帽应有良好的绝缘性能，必要时戴护目镜。使用前应对绝缘防护用具进行外观检查。作业过程中禁止摘下绝缘防护用具。

14.4.2.5 安全帽：安全帽使用前，应检查帽壳、帽衬、帽箍、顶衬、下颏带等附件完好无损。使用时，应将下颏带系好，防止工作中前倾后仰或其他原因造成滑落。

1-25　安全帽防护案例。

答：案例一：某发电厂一名检修班班长，在锅炉房零米检修某台通风机时未戴安全帽，突然从锅炉房 8m 以上落下一重物，正好砸在头上，因伤势较重，抢救无效死亡，如图 1-10 所示。

案例二：某建筑工地正在盖一幢五层楼房，一根钢筋从天而降，穿过一位在下面干活工人的安全帽，又从头部一直戳到颈根部，如图 1-11 所示。伤者当场昏迷，被送到医院急救。

伤者 30 多岁，人很壮实，戳进他头部的钢筋跟圆珠笔差不多粗，从头的右后部位刺进，最后刺到颈根部，与肩齐平，露在外面的钢筋有 10cm 左右，还有一大截留在头颈部，整根钢筋全长 40cm 左右。

案例三：某正在建设的 52 层高楼，在 49 层处，有一个重达 10kg 的铁制吊线坠，平时用于衡量墙壁是否垂直，但不知为何，忽然间坠落，在和墙壁发生碰撞反弹之后，最终砸到了一个在 8 楼埋头工作的工人张某的后脑及肩部。张某当场昏迷，很快被送往医院。

据医生说，幸好张某戴着安全帽，铁坠砸到安全帽，安全帽破裂，但已对张某头部起到缓冲作用，张某伤势为颅内出血、左肩肩胛骨出血、右胸肋骨骨折，但估计无生命危险。如果张某不戴安全帽，结果将会像石头砸向西瓜一样。

这些教训告诉我们：高空坠物十分危险，戴了安全帽也要小心提防。

图 1-10　高处坠物

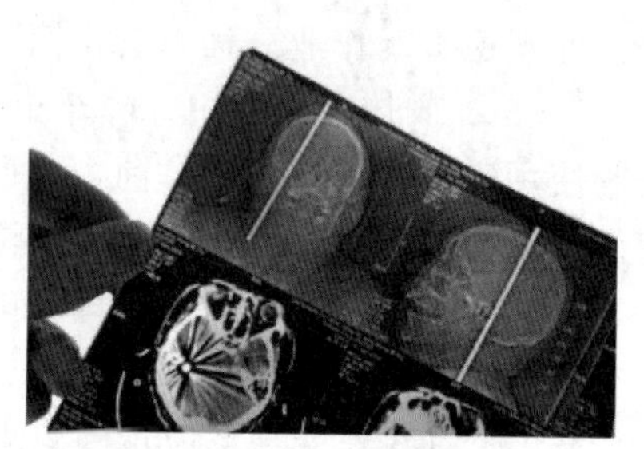

图 1-11　头部钢筋

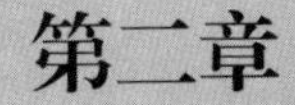

第二章

眼 部 防 护

2－1　作业人员在作业中，眼部可能会受到哪些危害？

答：在维护电气设备和进行检修工作等户内外作业时，工作人员的眼部可能会受到以下危害。

（1）机械性危害：由于外界的冲击、灰尘、固体颗粒、沙砾的影响，可能造成作业人员眼睛角膜损伤或穿孔、虹膜撕裂、晶状体浑浊等危害，如焊接时飞来的物质颗粒、碎屑、飞沫等。

（2）化学性危害：由于外界的溶剂、气雾剂、酸、碱、水泥、灰浆等液滴或液体的飞溅，可能造成作业人员眼角膜灼伤或浑浊、病毒感染、急性结膜炎、溃疡等危害。

（3）放射性危害：由于外界的红外线、紫外线、激光、强光等的影响，可能造成作业人员眼睛白内障、角结膜炎、视网膜损伤或灼伤、晶状体浑浊等危害，如装拆高压熔断器产生的弧光，焊接时产生的有害光线等。

（4）电击危害：由于直接接触带电物体或短路引起的电弧影响，可能造成作业人员视网膜灼伤、角膜损伤或晶状体损伤等危害。

（5）高温危害：由于高温液体、熔化物质及火焰的影响，可能造成作业人员眼部重伤、角膜浊点等危害，如焊接时飞来的火花及热流等。

因此，选用合适的防护眼镜（见图2－1），在需要时为作业人员的眼睛提供保护，避免电弧灼伤以及防止异物落入眼内等来自外界的危害对眼睛造成伤害，显得尤为重要。

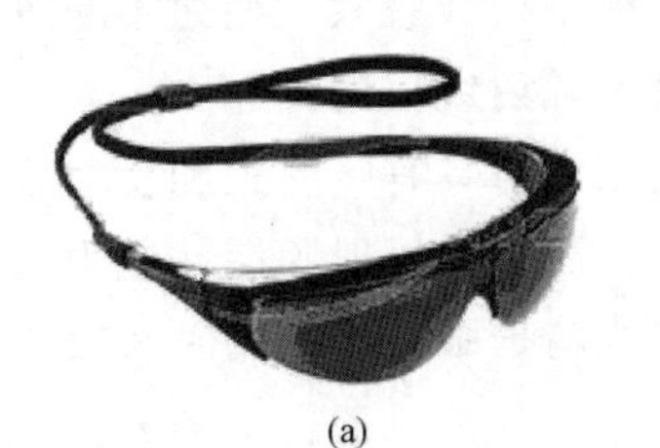

(a)

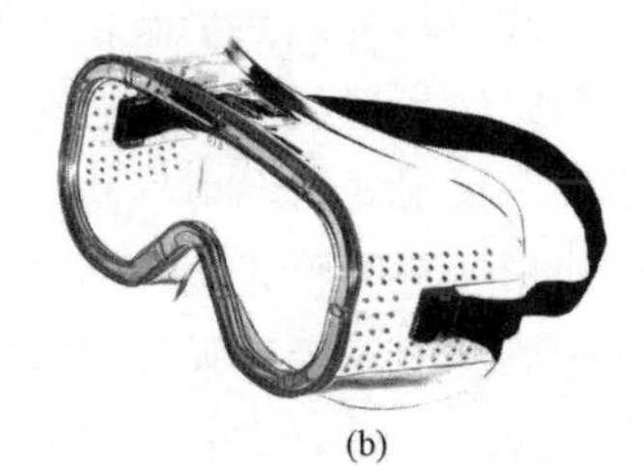

(b)

图2－1　防护眼镜

（a）类型一；（b）类型二

2－2　防护眼镜的种类有哪些？

答：为保护眼睛免受伤害，防护眼镜的种类如下。

（1）根据防护眼镜的结构形式可分为：

1）眼镜型：将防护眼镜固定于鼻或耳部的形式，如图 2－2(a) 所示。

2）前夹型：能夹挂于眼镜前方的形式，如图 2－2(b) 所示。

3）护目镜型：将双眼覆盖并具有头带的形式，如图 2－2(c) 所示。

（2）根据防护对象的不同，防护眼镜可分为防碎屑打击的防打击防护眼镜，防辐射线防护眼镜，防有害液体防护眼镜，防灰尘、烟雾及各种有毒气体防护眼镜等。

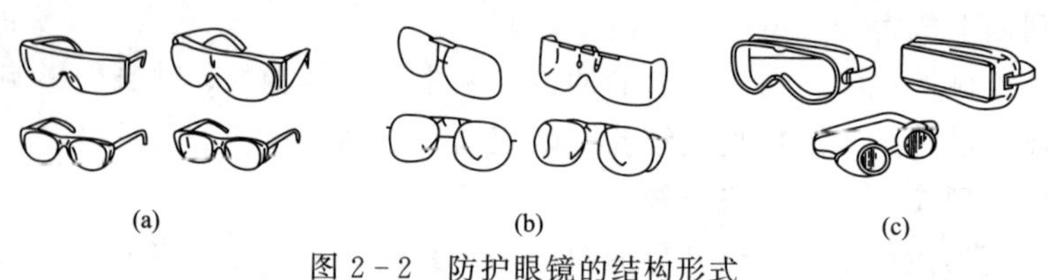

图 2－2　防护眼镜的结构形式

（a）眼镜型；（b）前夹型；（c）护目镜型

2－3　防打击防护眼镜的特点是什么？

答：防打击防护眼镜能防止金属、砂、石屑等飞溅物对眼部的打击，多用于车、铣、刨、磨及线路检修等工种。这种防护眼镜的镜片及镜架质地非常坚固，不易打碎，接触眼部的遮边不应有锐角。其镜片和成品应能经受直径为22mm、重约 45g 的钢球从 1.3m 高度自由落下的冲击而不应破碎。

2－4　防辐射线防护眼镜的作用有哪些？其镜片有何特点？

答：防辐射线防护眼镜主要是用以防止在生产中的有害红外线、耀眼的可见光和紫外线对眼睛的伤害。

防辐射线防护眼镜的种类较多，其镜片主要有吸收式、反射式、吸收—反射式、光化学反应式和光电式等。

（1）吸收式防辐射线防护眼镜可将有害辐射线吸收，使之不能进入眼内。

（2）反射式防辐射线防护眼镜可将有害辐射线反射掉。

（3）吸收—反射式防辐射线防护眼镜则同时具有吸收式和反射式防辐射线防护眼镜的作用。在吸收式镜片上采用镀膜法镀上反射膜层就成为吸收—反射式镜片，这种镜片可以避免吸收式防辐射线防护眼镜因使用时间较长导致温度升高的缺点。

（4）光化学反应式防辐射线防护眼镜镜片是在炼制玻璃时注入卤化物（如卤化银）而制成的。这种玻璃镜片在辐射能下，会发生光密度或颜色的可逆性变化，变色眼镜片就属于这种镜片。

(5) 光电式防辐射线防护眼镜镜片是用透明度可变的陶瓷材料或电效应液晶等制成，它是用光电池接受强光信号，再通过光电控制器，促使液晶改变颜色，吸收强光。若没有强光时液晶恢复原来的排列状态，镜片变成无色透明，目前这种镜片已广泛应用于防辐射线防护眼镜。

2-5 防有害液体防护眼镜的作用是什么？用什么材料制成？

答：防有害液体防护眼镜主要用来防止酸、碱等液体及其他危险液体与化学药品对眼睛造成的伤害。这种镜片用普通玻璃制作，镜架不宜用金属制作，以免受到腐蚀。

2-6 对防灰尘、烟雾及各种有毒气体的防护眼镜的要求是什么？

答：防灰尘、烟雾及各种有毒气体的防护眼镜必须密闭，遮边无通风孔，与脸部接触严密，镜架要能耐酸、碱。它一般适合在有轻微毒气或刺激性不太强的场所使用。

2-7 对防护眼镜的材料有什么要求？

答：防护眼镜各部分除透镜外的材料应符合下列要求：

(1) 强度及弹性应适用于其用途。

(2) 接触皮肤部分的材料，不得有害人体，且可耐消毒。

(3) 金属材料应使用耐腐蚀性材料，或经过耐腐蚀处理。

(4) 眼护具应有良好的透气性，眼罩头带所用材料应质地柔软，坚实耐用。

2-8 对防护眼镜的构造有什么要求？

答：对防护眼镜的构造要求如下：

(1) 戴用眼镜时，应不致有显著不舒适感，且尽量不妨碍视野。

(2) 眼镜使用方法应简单，且不容易破损。

(3) 透镜应不易从镜框脱落。

(4) 眼镜的各部分应不得有使用者遭受到割伤、擦伤之危害尖端、锐边或凹凸等缺陷。

(5) 眼镜的可调部件或结构零件应易于调节和更换。

2-9 对防护眼镜各部件的性能有什么要求？

答：对防护眼镜的性能要求如下：

(1) 透镜的外观不得有肉眼可检出的伤痕、纹理、气泡、异物等；透镜的平行度、折射和透明度应满足光学性能的要求；透镜经冲击试验后，不得有破碎、龟裂现象；透镜的表面磨损率、耐热性应满足试验要求。

(2) 防护眼镜的金属零件应具有耐腐蚀性能。

(3) 防护眼镜的各零件（除胶垫外）应具有耐燃性。

(4) 防护眼镜的外观不应有有碍佩戴的损伤、龟裂、脏污等；防护眼镜经冲击试验后，透镜的边缘不得缺损或从镜框脱落；护目镜型眼镜的头带与镜框的安装强度应符合要求。

2-10　防护眼镜的使用特性要求是什么？

答：防护眼镜的使用特性要求如下：

（1）应具备优异的光学性能，无光学扭曲，无棱形偏差，在不同使用环境中满足不同的性能要求，如日光下的作业、弱光下的维修及气焊、电焊人员使用的要求等。

（2）视野应开阔清晰无障碍，外围不应产生视觉变形。

（3）镜框应符合人体脸型特征，佩戴贴合脸部、舒适轻巧。

（4）防护眼镜各部件的调节应方便，以适合各种人群佩戴。

（5）应具备防冲击、防刮痕、防雾等性能。

（6）在不同的工作条件下，可根据需要选择与安全帽、矫正眼镜或呼吸面罩等的配合使用。

2-11　防护眼镜的标识要求有哪些？

答：防护眼镜的标识要求如下：

（1）在透镜表面不影响使用功能处，以不易消失的方法标识制造厂商名称。

（2）包装部分标识下列内容：规格、种类及形式名称；制造厂商名称；制造年月、出厂批号。

2-12　防护眼镜的说明书要求有哪些？

答：防护眼镜说明书应附有使用注意事项和保养方法。

2-13　防护眼镜的使用和维护要求是什么？

答：防护眼镜在使用和维护中的注意事项如下：

（1）防护眼镜的选择要正确。要根据工作性质、工作场合选择相应的防护眼镜，如进行气焊时，应戴防辐射线防护眼镜；在室外阳光曝晒的地方工作时，应戴变色镜（防辐射线防护眼镜的一种）；在进行车、铣、刨及用砂轮磨工件时，应戴防打击防护眼镜等。

（2）防护眼镜的宽窄和大小要恰好适合使用者的要求。如果大小不合适，防护眼镜滑落到鼻尖上，就起不到防护作用。

（3）防护眼镜应按出厂时标明的遮光编号或使用说明书使用，并保管于干净、不易碰撞的地方。

（4）使用防护眼镜前应检查防护眼镜表面光滑，无气泡、杂质，以免影响工作人员的视线；镜架平滑，不可造成擦伤或有压迫感；同时，镜片与镜架衔接要牢固。

2-14 《安规》对防护眼镜的相关要求有哪些？

答：DL 5009.1—2014《电力建设安全工作规程 第1部分：火力发电》中的相关要求：

4.5.4 的 27 中 3）作业人员应站在干燥的绝缘物上，使用有绝缘柄的工具，穿绝缘鞋和全棉长袖工作服，戴手套和护目眼镜。

4.7.2 的 1 中 5）砂轮机安全罩应完整，使用砂轮机时，操作人员应站在侧面并戴防护眼镜。

4.7.2 的 4 中 1）作业时，操作人员应戴防尘口罩、防护眼镜或面罩。

4.13.3 的 7 中 6）气焊、气割操作人员应戴防护眼镜。使用移动式半自动气割机或固定式气割机时操作人员应穿绝缘鞋，并采取防止触电的措施。

4.14.1 中 4 检查蓄电池时，人员应穿戴防酸碱护目镜、绝缘鞋、手套、口罩和工作服。裤脚不得放入绝缘鞋内。

4.15.16 进行建筑基础或局部块体拆除时，宜采用静力破碎的方法；采用具有腐蚀性的静力破碎剂作业时，灌浆人员必须戴防护手套和防护眼镜；孔内注入破碎剂后，作业人员应保持安全距离，严禁在注孔区域行走。

5.2.4 的 15 中 2）操作时应戴防护眼镜，站在锯片一侧，不得站在锯片的旋转方向，手臂严禁越过锯片。旋转锯片应有安全防护罩，锯片上方应有可靠的柔性隔离措施。

5.2.4 的 19 中 2）锉锯时应戴防护眼镜，操作时应站在砂轮的侧面。当撑齿钩遇到缺齿或撑钩妨碍锯条运动时，应及时处理。

5.2.5 的 2 中 1）操作时应戴口罩、手套和防护眼镜。

5.2.5 的 6 中 3）操作时应戴防护眼镜及手套，并站在橡胶绝缘垫或木板上。工作棚应用防火材料搭设，棚内严禁堆放易燃易爆物品，并应备有灭火器材。

5.8.15 在脚手架上砌石不得使用大锤。修整石块时，应戴防护眼镜，严禁两人对面操作。

5.10.1 中 2 熬制沥青及调制冷底子油应通风良好，作业人员的脸和手应涂抹专用软膏或凡士林油，戴好防护眼镜，穿专用工作服并配备有关防护用品。

5.10.3 中 4 配制和使用有毒材料时，现场应采取通风措施，操作人员应穿防护服，戴口罩、手套和防护眼镜。

6.2.1 中 1 用锯床、锯弓、切管器切割管道时，应垫平卡牢，用力均匀，操作时应站在侧面。作业时，应戴防护眼镜，管道将近切断时，应用手或支架托住。砂轮切管机的砂轮片应完好。管道较长时，尾部应使用支撑架。

6.2.1 中 3 打磨坡口时，作业人员应戴防护眼镜，对面不得站人。

6.2.6 的 5 中 4）研刮球磨机轴瓦时，轴瓦应放置稳固。仰面研刮时，施工人员应戴防护眼镜和口罩。

6.2.7 中 3 作业人员应穿密封式工作服，正确使用护目镜、手套、口罩等劳动防护用品。

6.3.6 中 4 在滑环上打磨碳刷时，应在不高于盘车的转速下进行。打磨碳刷时，操作人员应戴口罩及防护眼镜。

6.3.8 中 11 检修六氟化硫断路器时，设备内的六氟化硫气体不得向大气排放，应采用净化装置回收，经处理检测合格后方可再使用。回收时，作业人员应站在上风侧。需拿取容器内的吸附物时，工作人员应戴橡胶手套、护目镜等劳动防护用品。

6.4.2 中 2 射线检测应配备射线监测仪。作业时，操作人员应佩戴防辐射眼镜、铅防护服等防护用品和射线报警仪、个人剂量计。

6.4.3 中 3 检测区域应保持通风良好，作业人员应佩戴防护眼镜、乳胶手套、防毒口罩等。

6.4.4 的 1 中 3）试样打磨、抛光时应握紧试样，并与磨面接触平稳严禁两人同时在一个旋转盘上操作。磨光时，作业人员应佩带防护眼镜及防尘口罩。

6.5.1 中 12 切削脆质金属或高速切削时，应戴防护眼镜，并按切屑飞射方向加设挡板；切削生铁时应戴口罩。

6.5.3 中 4 在同一工件台两边凿、铲工件时，中间应设防护网。单面工作台应有一面靠墙。操作人员应戴防护眼镜。

6.5.3 中 11 冲压工件时，操作人员应戴防护眼镜。每冲完一次，脚必须离开踏板。

6.5.4 中 1 从事铆接作业时，应穿戴必要的防护用品；铲除毛刺时，应戴防护眼镜；碎屑飞出方向不得有人。

6.5.4 中 9 组对容器、钢结构与电焊工协同作业时，应戴防护眼镜。组对时严禁把手放在对口处。

7.2.2 中 6 观察锅炉炉膛内燃烧情况时，应戴防护眼镜。严禁站在看火孔、检查门正对面观察。

7.2.4 中 10 进入石灰石输送走廊应佩戴口罩、护目镜。

7.6.2 中 4 搬运、使用强腐蚀性及有毒药品时，应轻搬轻放，放置稳固。严禁肩扛、手抱，并根据工作需要戴口罩、橡胶手套及防护眼镜或防毒面具，穿橡胶围裙及长筒胶靴，裤脚须放在靴外。

7.6.2 中 11 开启强碱容器及溶解强碱时，应戴橡胶手套、口罩和眼镜并使用专用工具。配制热浓碱液时，应在通风良好的地点或在通风柜内进行，溶解速度应缓慢，并以木棒搅拌。

7.6.5 中 10 制氢站内的操作人员应穿防静电服装，站内配置电解液（碱液）时，必须备好清洗用水和 2%～3%的硼酸液，穿戴好防护用具（胶手套、防护眼镜、口罩和服装）。

Q/GDW 1799.1—2013《国家电网公司电力安全工作规程　变电部分》相关要求为：

5.3.6.10 装卸高压熔断器，应戴护目眼镜和绝缘手套，必要时使用绝缘夹钳，并站在绝缘垫或绝缘台上。

9.4.1 中 b）带电断、接空载线路时，作业人员应戴护目镜，并应采取消弧措施。消弧工具的断流能力应与被断、接空载线路电压等级及电容电流相适应。如使用消弧绳，则其断、接空载线路的长度不应大于表 10 规定，且作业人员与断开点应保持 4m 以上的距离。

9.7.3 带电清扫作业人员应站在上风侧位置作业，应戴口罩、护目镜。

9.12.1 进行直接接触 20kV 及以下电压等级带电设备的作业时，应穿着合格的绝缘防护用具（绝缘服或绝缘披肩、绝缘手套、绝缘鞋）：使用的安全带、安全帽应有良好的绝缘性能，必要时戴护目镜。使用前应对绝缘防护用具进行外观检查。作业过程中禁止摘下绝缘防护用具。

10.4 转动着的发电机、同期调相机，即使未加励磁，亦应认为有电压。

禁止在转动着的发电机、同期调相机的回路上工作，或用手触摸高压绕组。必须不停机进行紧急修理时，应先将励磁回路切断，投入自动灭磁装置，然后将定子引出线与中性点短路接地，在拆装短路接地线时，应戴绝缘手套，穿绝缘靴或站在绝缘垫上，并戴防护眼镜。

12.3 停电更换熔断器后，恢复操作时，应戴手套和护目眼镜。

12.4.2 使用有绝缘柄的工具，其外裸的导电部位应采取绝缘措施，防止操作时相间或相对地短路。工作时，应穿绝缘鞋和全棉长袖工作服，并戴手套、安全帽和护目镜，站在干燥的绝缘物上进行。禁止使用锉刀、金属尺和带有金属物的毛刷、毛掸等工具。

14.2.4 电压表、携带型电压互感器和其他高压测量仪器的接线和拆卸无需断开高压回路者，可以带电工作。但应使用耐高压的绝缘导线，导线长度应尽可能缩短，不准有接头，并应连接牢固，以防接地和短路。必要时用绝缘物加以固定。

使用电压互感器进行工作时，应先将低压侧所有接线接好，然后用绝缘工具将电压互感器接到高压侧。工作时应戴手套和护目眼镜，站在绝缘垫上，并应有专人监护。

16.4.1.3 用凿子凿坚硬或脆性物体时（如生铁、生铜、水泥等），应戴防护眼镜，必要时装设安全遮栏，以防碎片打伤旁人。凿子被锤击部分有伤痕不平整、沾有油污等，不准使用。

16.4.1.8 中规定：使用砂轮研磨时，应戴防护眼镜或装设防护玻璃。用砂轮磨工具时应使火星向下。不准用砂轮的侧面研磨。

第三章

面部及呼吸防护

3-1　防护面罩的作用是什么？其种类及特点有哪些？

答：防护面罩是防止各种高温热源、射线、光辐射、电磁辐射、气体、熔融金属等异物飞溅、爆炸等对面部的伤害。防护面罩可分为安全型和遮光型两种。

（1）安全型防护面罩是防御固态的或液态的有害物体伤害面部的产品，如钢化玻璃面罩、有机玻璃面罩、金属丝网面罩等产品。

（2）遮光型防护面罩是防御有害辐射线伤害面部的产品，如电焊面罩、炉窑面罩等产品。

3-2　电焊面罩的组成、种类及适用场合分别是什么？

答：电焊面罩由观察窗、滤光片、保护片和面罩等部分组成，电焊面罩分为手持式［见图3-1(a)］、头戴式［见图3-1(b)］、安全帽式［见图3-1(c)］、头盔式等形式。

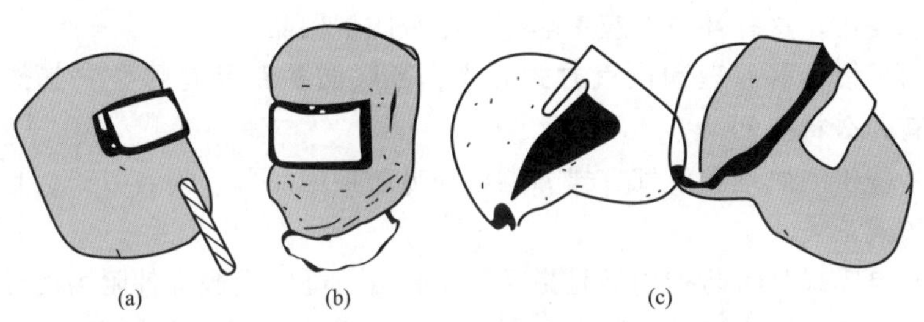

图3-1　电焊面罩
(a) 手持式；(b) 头戴式；(c) 安全帽式

（1）手持式电焊面罩的面罩部分材料用化学钢纸（常为红色钢纸）或塑料注塑成型，多用于一般短暂电焊、气焊作业场所。

（2）头戴式电焊面罩的头戴由头围带和弓状带组成，面罩与头戴用螺栓连接，可以上下掀翻。不用时可以将面罩向上掀至额部，用时则掀下遮住眼面。适用于电焊、气焊操作时间较长的岗位。

（3）安全帽式电焊面罩是将电焊面罩与安全帽用螺栓连接，可以灵活地上下掀翻。适用于电焊既要防护电焊弧光的伤害，又能防作业环境的坠落物体打击头部。

3－3 戴呼吸防护用品的目的是什么？

答：呼吸防护用品是防止缺氧气和有毒、有害物质被吸入呼吸器官时对人体造成伤害的个人防护装备。在电缆井、电缆隧道等密闭空间中及 SF_6 电气设备房存在各种可燃性气体、有毒气体，会威胁工作人员的生命安全，必须选择相关的气体检测仪进行检测。明确气体种类之后，应选用正确的呼吸防护用品，避免或降低环境中有毒、有害物质通过呼吸器官对人体的伤害，达到呼吸防护的效果。

3－4 按防护原理分类，呼吸防护用品有哪些？其作用是什么？

答：按防护原理分类，呼吸防护用品可分为过滤式和隔绝式两大类。

（1）过滤式呼吸防护用品是依据过滤吸收的原理，利用过滤材料滤除空气中的有毒、有害物质，将受污染空气转变为清洁空气供人员呼吸的一类呼吸防护用品，如防尘口罩、防毒口罩和过滤式防毒面具。

（2）隔绝式呼吸防护用品是依据隔绝的原理，使人员呼吸器官、眼睛和面部与外界受污染空气隔绝，依靠自身携带的气源或靠导气管引入受污染环境以外的洁净空气为气源供气，保障人员正常呼吸的呼吸防护用品，也称为隔绝式防毒面具、生氧式防毒面具（生氧呼吸器）、长管呼吸器及潜水面具等。

过滤式呼吸防护用品的使用受环境的限制，当环境中存在着过滤材料不能滤除的有害物质，或氧气含量低于18%，或有毒有害物质浓度较高（>1%）时均不能使用，这种环境下应用隔绝式呼吸防护用品。

3－5 按供气原理和供气方式分类，呼吸防护用品有哪些？其作用是什么？各有什么特点？

答：按供气原理和供气方式分类，呼吸防护用品可分为自吸式、自给式和动力送风式三类。

（1）自吸式呼吸防护用品是指靠佩戴者自主呼吸克服部件阻力的呼吸防护用品，如普通的防尘口罩、防毒口罩和过滤式防毒面具。其特点是结构简单、重量轻、不需要动力消耗。缺点是由于吸气时防护用品与呼吸器管之间空间形成负压，气密性和安全性相对较差。

（2）自给式呼吸防护用品是指以压缩气体钢瓶为气源供气，保障人员正常呼吸的呼吸防护用品，如储气式防毒面具（空气呼吸器）、储氧式防毒面具（氧气呼吸器）。其特点是以压缩气体钢瓶为气源，使用时不受外界环境中毒物种类、浓度的限制；但重量较重，结构复杂，使用维护不便，费用也较高。

（3）动力送风式呼吸防护用品是指依靠动力克服部件阻力、提供气源，保障人员正常呼吸防护用品，如军用过滤送风面具、送风式长管呼吸器等。其特点是以动力克服呼吸器阻力，人员在使用中的体力负荷小，适合作业强度较大、环境气压较低（如高原）及情况危急、人员心理紧张等环境和场合使用。

3-6　按防护部位及气源与呼吸器官的连接方式分类，呼吸防护用品有哪些？

答：按防护部位及气源与呼吸器官的连接方式分类，呼吸防护用品可分为口罩式、面具式、口具式三类。

（1）口罩式呼吸防护用品主要是指通过保护呼吸器官口、鼻来避免有毒、有害物质吸入而对人体造成伤害的呼吸防护用品，包括平面式、半立体式和立体式多种，如普通医用口罩、防尘口罩、防毒口罩。

（2）面具式呼吸防护用品是在保护呼吸器官的同时，也保护眼睛和面部，如各种过滤式和隔绝式防毒面具。

（3）口具式呼吸防护用品通常也称口部呼吸器，与前两者不同之处在于：佩戴这类呼吸防护用品时，鼻子要用鼻夹夹住，必须用口呼吸，外界受污染空气经过滤后直接进入口部。

3-7　按人员吸气环境分类，呼吸防护用品有哪些？其作用是什么？

答：按人员吸气环境分类，呼吸防护用品可分为正压式和负压式两类。

（1）正压式是指使用时呼吸循环过程中，面罩内压力均大于环境压力的呼吸防护用品。隔绝式和动力送风式呼吸防护用品多采用钢瓶或专用供气系统供气，一般为正压式；正压式呼吸防护用品可避免外界受污染或缺氧空气的漏入，防护安全性更高，当外界环境危险程度较高时，一般应优先选用。

（2）负压式是指使用时呼吸循环过程中，面罩内压力在呼吸气阶段均小于环境压力的呼吸防护用品。过滤式呼吸防护用品多靠自主呼吸，一般为负压式。

3-8　按气源携带方式分类，呼吸防护用品有哪些？其优缺点是什么？

答：按气源携带方式分类，呼吸防护用品可分为携气式和长管式两大类。

（1）携气式为使用者随身携带气源，如储气钢瓶、生氧装置，机动性较强，但身体负荷较大，如图 3-2(a) 所示。

(a)

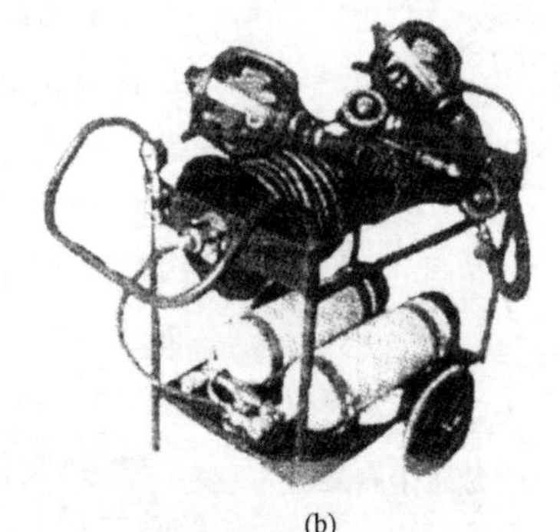

(b)

图 3-2　呼吸防护用品

(a) 携气式；(b) 长管式

（2）长管式以移动供气系统为气源，通过长导气管输送气体供人员呼吸，不需自身携带气源，使用中身体负荷小，但机动性受到一定程度的限制，如图 3－2（b）所示。

3－9 按呼出气体的排放方式分类，呼吸防护用品有哪些？其优缺点是什么？

答：按呼出气体的排放方式分类，呼吸防护用品可分为闭路式、开路式两类。

（1）闭路式排放方式为呼出气体不直接排放到外界，而是经净化和补养后供循环呼吸，安全性更高，但结构复杂。

（2）开路式排放方式为呼出气体直接排放到外界，结构较闭路式简单，但安全性及防护时间常会受到一定影响。

3－10 紧急逃生呼吸器的种类和特点是什么？

答：紧急逃生呼吸器是专门为紧急情况下逃生设计的，包括专门的火灾逃生面具及可用于多种危急情况的隔绝式逃生呼吸器等。

（1）火灾逃生面具属于过滤式呼吸防护用品，它除可过滤粉尘、气溶胶和一般有害气体及蒸气外，还具有滤除一氧化碳的功能。

（2）隔绝式逃生呼吸器根据其使用目的，为减少器材的重量，减少逃生人员在逃生过程中的体力消耗，方便携带、穿戴，增大其获救机会和可能，这类呼吸器主要有以下几个特点：

1）轻便，便于穿戴；

2）有效使用时间一般为 10～15min，可确保提供足够的逃生时间，同时器材重量较轻；

3）视觉效果明显，颜色鲜艳或带有可发光的荧光物质，便于被发现。

3－11 防尘口罩的形式有哪些？

答：防尘口罩的形式很多，从形状分有平面式（如普通纱布口罩）、半立体式（如鸭嘴形式折叠式）、立体式（如模压式、半面罩式）。从气密效果和安全性考虑，立体式、半立体式气密效果更好，安全性更高，平面式稍次之。从功能分有简易防尘口罩（见图 3－3）和复式防尘口罩（见图 3－4）。防尘口罩的保护部位为口鼻。

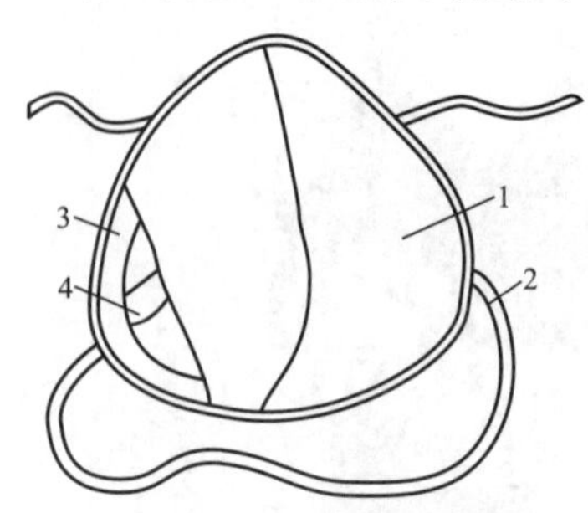

图 3－3 简易防尘口罩

1—滤料面层；2—系带；3—口罩内边；4—塑料支架

3－12 防尘口罩的防护原理是什么？

答：防尘口罩主要以纱布、无纺布、超细纤维材料等为核心过滤材料的过滤式呼吸防护用品，用于滤除空气中颗粒状的有毒、

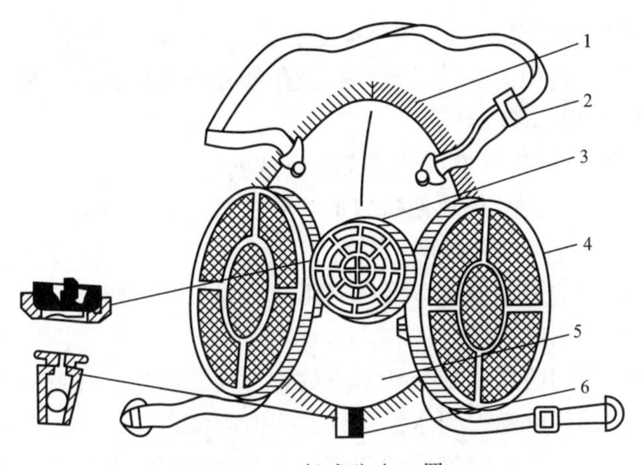

图 3-4　复式防尘口罩

1—泡沫塑料衬圈；2—系带；3—呼气阀；
4—滤尘盒；5—半面罩；6—排水嘴及剖面

有害物质，但对于有毒、有害气体和蒸气无防护作用。其中，不含超细纤维材料的普通防尘口罩只有防护较大颗粒灰尘的作用，一般经清洗、消毒后可重复使用；含超细纤维材料的防尘口罩除可以防护较大颗粒灰尘外，还可以防护粒径更细微的各种有毒、有害气溶胶，防护能力和防护效果均优于普通防尘口罩，基于超细纤维材料本身的性质，该类口罩一般不可重复使用，多为一次性产品，或需定期更换滤棉。

3-13　防尘口罩适用的环境特点是什么？

答：防尘口罩适用的环境特点是：污染物仅为非挥发性的颗粒状物质，不含有毒、有害气体和蒸气。

3-14　防毒口罩的形式有哪些？

答：防毒口罩的形式主要为半面式，此外也有口罩式，如图 3-5 所示。

图 3-5　防毒口罩

3-15　防毒口罩的防护原理是什么？

答：防毒口罩是以超细纤维材料和活性纤维等吸附材料为核心过滤材料的过滤式呼吸防护用品，其中超细纤维材料用于滤除空气中的颗粒状物质，包括有毒、有害溶胶；活性炭、活性纤维等吸附材料用于滤除有害蒸气和气体。与防尘口罩相比，防毒口罩既可过滤空气中的大颗粒灰尘、气溶胶，同时对有害气体和蒸气也具有一定的过滤作用。

3－16　防毒口罩适用的环境特点是什么？

答：防毒口罩适用的环境特点是：工作或作业场所含有较低浓度的有害蒸气、气体以及气溶胶等。

3－17　影响口罩功效发挥的因素有哪些？

答：一般来说，能真正地使口罩的功效发挥出来，取决于4个因素，其中3个是针对口罩本身的，它们是：

（1）口罩滤料的阻尘效率以及呼吸阻力。口罩呼吸阻力小并能有效地捕获到微细粉尘，可真正起到阻尘的作用。

（2）口罩与不同脸型相配合所具有的密合性。因为空气就像水流一样，哪里阻力小就先向哪里流动，当水流遇到石头时会绕道而行。空气也是这样，当口罩形状与人脸不密合，空气中的危险物一样会从不密合处泄漏进去，进入人的呼吸道。即便选用口罩的滤料最好，也无法保障健康。

（3）防护系数，用来评价口罩对呼吸系统防护的有效性。

然而，一个经过精心设计、密合性优良且性能良好的口罩，对其功效的加强或降低会起到至关重要的作用，即第4个因素，佩戴时间。

3－18　过滤式防毒面具的作用及适用环境是什么？

答：过滤式防毒面具是靠佩戴者自身的呼吸为动力，将污染的空气吸入到过滤器中经净化后的无毒空气供人体呼吸。过滤式防毒面具适用于有氧环境中使用。

3－19　过滤式防毒面具的防护原理是什么？它有哪些优点？

答：过滤式防毒面具是以超细纤维材料和活性炭、活性炭纤维等吸附材料为核心过滤材料的过滤式呼吸防护用品，包括滤毒罐或滤毒盒及过滤元件两部分，面具与过滤部件有的直接相连，有的通过导气管连接，分别称为直接式防毒面具和导管式防毒面具。

从防护对象考虑，过滤式防毒面具与防毒口罩具有相近的防护功能，既能防护大颗粒灰尘、气溶胶，又能防护有毒、有害蒸气和气体。但过滤式防毒面具滤除有害气体、蒸气浓度范围更宽，防护时间更长，所以更安全可靠。另外，从保护部位考虑，过滤式防毒面具除可以保护呼吸器官（口、鼻）外，同时还可以保护眼睛及面部皮肤，避免有毒、有害物质的直接伤害，且通常密合效果更好，具有更高和更全面的防护效能。

3－20　过滤式防毒面具检查及使用要求是什么？

答：过滤式防毒面具检查及使用要求如下：

（1）使用过滤式防毒面具时，空气中氧气浓度不得低于18%，温度为－30～45℃，不能用于槽、罐等密闭容器环境。

（2）使用者应根据其面形尺寸选配适宜的面罩号码。

（3）使用前应检查面具的完整性和气密性，面罩密合框应与佩戴者颜面密合，无明显压痛感。

（4）使用中应注意有无泄漏和滤毒罐失效。

（5）过滤式防毒面具的过滤剂有一定的使用时间，一般为30～100min。过滤剂失去过滤作用（面具内有特殊气味）时，应及时更换。

3-21　过滤式呼吸防护用品的使用要求有哪些?

答：过滤式呼吸防护用品的使用要求如下：

（1）防尘过滤元件的使用寿命受颗粒物浓度、使用者呼吸频率、过滤元件规格及环境条件的影响。颗粒物在过滤元件上的积聚会增加呼吸的阻力，以致不能使用。当发生下述情况时，应更换过滤元件：

1）当感觉呼吸阻力显著增加时，如有严重的憋气感。

2）使用电动送风过滤式防尘呼吸器，当电池电量不足，送风量低于规定的最低限值时。

3）使用手动送风过滤式防尘呼吸器，当送风的人感觉送风阻力明显增加时。

（2）防毒过滤元件的使用寿命受空气污染物种类及其浓度、使用者呼吸频率、环境温度和湿度条件等因素的影响。一般按照下述方法确定防毒过滤元件的更换时间：

1）当使用者感觉面具内有特殊气味时，应立即更换。

2）对于常规作业，建议根据经验、实验数据或其他客观方法，确定过滤元件更换时间定期更换。

3）每次使用后记录使用时间，帮助确定更换时间。

4）普通有机气体过滤元件对低沸点有机化合物的使用寿命通常会缩短，每次使用后应及时更换。对于其他有机化合物的防护，若两次使用时间相隔数日或数周，重新使用时也应及时更换。

3-22　生氧式防毒面具的防护原理是什么?

答：生氧式防毒面具又称生氧呼吸器，是利用人员呼出气体中的二氧化碳和水蒸气与含有大量氧的生氧药剂反应生成氧气，使呼出气体经补氧和净化后供人员呼吸的一种闭路循环式呼吸器。

生氧呼吸器的组成包括生氧系统（含生氧罐、启动装置和应急装置）、降温系统（含冷却管、降温增湿器）、储气装置（含储气囊及排气阀）、保护外壳及背具等。其中，生氧系统中的生氧罐是面具的重要部件，内装超氧化钾、超氧化钠、过氧化钾或过氧化钠等生氧剂，这类碱性氧化物能够与二氧化碳和水蒸气作用。由于生氧和脱除二氧化碳的化学反应，会导致通过气流温度过高，因此需要有降温装置对气流进行降温以供人员呼吸。

使用时，呼出气体经呼吸活门、导气管进入生氧罐，废气中的二氧化碳和水蒸气与生氧药剂反应生成氧气，经净化和补充氧的气流进入气囊供人员呼吸。

生氧呼吸器的工作时间一般为30～60min，比氧气呼吸器和空气呼吸器都短。

3-23　长管呼吸器的特点及适用场合是什么？

答：长管呼吸器最突出的特点是具有较长的导气管（50～90m），可与移动供气源、移动空气净化站等配合使用，主要采用压缩空气钢管作为气源，也有的采用过滤空气为气源。

长管呼吸器特别适合在复杂的火场救援和大范围的化学、生化及工业污染环境中连续长时间作业使用。典型的应用环境包括消除石棉及其他有害材料、核处理和核清除的工作以及剥离和喷洒异氰酸盐涂料等。

3-24　储气式防毒面具的防护原理是什么？

答：储气式防毒面具又称空气呼吸器，有时也称为消防面具。它以压缩气体钢瓶为气源，但钢瓶中盛装气体为压缩空气。根据呼吸过程中面罩内的压力与外界环境压力间的高低，可分为正压式和负压式两种。正压式在使用过程中面罩内始终保持正压，安全性更好，目前已基本取代了负压式，应用广泛。

对于常见的正压式空气呼吸器，使用时打开气瓶阀门，空气经减压器、供气阀、导气管进入面罩供人员呼吸；呼出的废气直接经呼气活门排出。由于其不需要对呼出废气进行处理和循环使用，所以结构相对氧气呼吸器简单。

3-25　储氧式防毒面具的防护原理及适用范围是什么？

答：储氧式防毒面具也称氧气呼吸器，以压缩气体钢瓶为气源，钢瓶中盛装压缩氧气。根据呼出气体是否排放到外界，可分为开路式和闭路式氧气呼吸器两大类。前者呼出气体直接经呼气活门排放到外界，考虑到安全性的原因，目前很少使用。

对于常见的闭路式氧气呼吸器，使用时，打开气瓶开关，氧气经减压器、供气阀进入呼吸仓，再通过呼吸气软管、供气阀进入面罩供人员呼吸；呼出的废气经呼气阀、呼吸软管进入清净罐，去除二氧化碳后也进入呼吸仓，与钢瓶所提供的新鲜氧气混合供循环呼吸。由于在二氧化碳的滤除过程中，发生的化学反应会放出较高的热量，为保证呼吸的舒适度，有些呼吸器在气路中设置有冷却罐、降温盒等气体降温装置。

氧气呼吸器是人员在严重污染、存在窒息性气体、毒气类型不明确或缺氧等恶劣环境下工作时常用的呼吸防护设备。

3-26　动力送风式呼吸器的特点及适用场合有哪些？

答：动力送风式呼吸器主要是采用动力送风与气体过滤相结合的原理为使

用者提供气源。动力送风的优点是可降低呼吸阻力，同时可以在面罩内形成一定的正压，提高使用的舒适性及防护的安全性。儿童面具、伤员面具及在高原上使用的面具一般都属于这类面具。

该类面具的主要应用领域及场合包括喷农药作业、造船厂焊接作业、金属材料研磨作业等。

3-27　供气式呼吸防护用品的使用要求有哪些？

答：供气式呼吸防护用品的使用要求如下：

（1）使用前应检查供气源的质量，气源不应缺氧，空气污染浓度不应超过国家有关的职业卫生标准或有关的供气空气质量标准。

（2）供气管接头不允许与作业场所其他气体导管接头通用。

（3）应避免供气管与作业现场其他移动物体相互干扰，不允许碾压供气管。

3-28　呼吸防护用品选择的一般要求有哪些？

答：呼吸防护用品选择的一般要求如下：

（1）在没有个人防护的情况下，任何人都不应暴露在能够或可能危害健康的空气环境中。

（2）根据国家的有关职业卫生标准，如空气中粉尘卫生标准，空气中有毒物质卫生标准，对作业中的空气环境应进行评价，识别有害环境性质，判定危害程度。

（3）首先考虑采取工程措施控制有害环境的可能性。若工程措施因各种原因无法实施，或无法完全消除有害环境，以及在工程措施未生效期间，应根据作业环境、作业状况和作业人员选择适合的呼吸防护用品。

（4）应选择国家认可的、符合标准要求的呼吸防护用品。

（5）选择呼吸防护用品时也应参照使用说明书的技术规定，符合其使用条件。

（6）若需要使用呼吸防护用品预防有害环境的危害，用人单位应建立并实施规范的呼吸保护计划。

3-29　呼吸防护用品的选用原则和注意事项有哪些？

答：呼吸防护用品的选用原则和注意事项如下：

（1）根据有害环境的性质和危害程度，如是否缺氧、毒物存在形式（如蒸气、气体和溶胶）等，判定是否需要使用呼吸防护用品及如何进行选型。

（2）当缺氧（氧含量＜18%）、毒物种类未知、毒物浓度未知或过高（含量＞1%）或毒物不能采用过滤式呼吸防护用品时，只能考虑使用隔绝式呼吸防护用品。

（3）在可以使用过滤式呼吸防护用品的情况下，当有害环境中污染物仅为非挥发性颗粒物质，且对眼睛、皮肤无刺激时，可考虑使用防尘口罩；如果污染物为蒸气和气体，同时含有油性颗粒物质（包括气溶胶）时，可选择防毒口罩或过滤式防毒面具；如果污染物浓度较高，则应选择过滤式防毒面具。

（4）选配呼吸防护用品时大小要合适，佩戴要正确，与使用者脸形相匹配和贴合，确保气密性和安全性，以达到理想的防护效果。

（5）佩戴口罩时，口罩要罩住鼻子、口和下巴，并注意将鼻梁上的鼻子（金属条）固定好，以防止空气未经过滤而直接从鼻梁两侧漏入口罩内。另外一次性口罩一般仅可以连续使用几个小时到一天，当口罩潮湿、损坏或沾染上污物时需要及时更换。

（6）选用过滤式防毒面具和防毒口罩时要特别注意，配备滤盒的防毒面具口罩通常只对某种或某类蒸气或气体滤盒，应用不同的颜色进行标示，根据作业环境中有害蒸气或气体的种类选配滤盒。

（7）佩戴呼吸防护用品后应进行相应的气密检查，确定气密良好后再进入含有毒害物质的作业场所，以确保安全。

（8）在选用动力送风面具、氧气呼吸器、空气呼吸器、生氧呼吸器等结构较为复杂的面具时，为保证安全使用，佩戴前需进行专业训练。

（9）选择和使用呼吸防护用品时，一定要严格遵照相应的产品说明书。

3－30　呼吸防护用品的一般使用要求有哪些？

答：呼吸防护用品的一般使用要求如下：

（1）任何呼吸防护用品的功能都是有限的，使用者应了解所用呼吸防护用品的局限性。

（2）使用任何一种呼吸防护用品都应仔细阅读产品说明书，并严格按要求使用。

（3）对于比较复杂的呼吸防护用品，使用前应接受使用方法培训，如使用逃生型呼吸器，应接受正确的佩戴方法和注意事项的指导；使用携气式呼吸器应进行专门的培训。

（4）使用前应检查呼吸防护用品的完整性、过滤元件的适用性、电池电量、气瓶气量等，符合有关规定才允许使用。

（5）进入有害环境前，应先佩戴好呼吸防护用品。对于密合型面罩，使用者应做佩戴气密性检查，以确认密合。

（6）在有害环境作业的人员应始终佩戴呼吸防护装备。

（7）不允许单独使用逃生型呼吸器进入有害环境，只允许从中离开。

（8）当使用中感到异味、咳嗽、刺激、恶心等不适症状时，应立即离开有害环境，并应检查呼吸防护用品，确定并排除故障后方可重新进入有害环境。

（9）若呼吸防护用品同时使用数个过滤元件，应同时更换。

(10) 若新过滤元件在某种场合迅速失效，应考虑所用过滤元件是否适用。

(11) 除通用部件外，在未得到产品制造商认可的前提下，不应将不同品牌的呼吸防护用品的部件拼装或组合使用。

(12) 所有使用者应定期体检，评价是否适合使用呼吸防护用品的能力。

3-31　如何根据有害环境选择呼吸防护用品？

答：根据有害环境选择呼吸防护用品的方法如下：

(1) 应了解以下情况，识别有害环境性质：

1) 能识别是否是有害环境，如是有害环境，应进一步了解。

2) 是否可能缺氧（低于18%）及氧气浓度值。

3) 是否存在空气污染物及其浓度，如是粉尘、有害气体或蒸汽时，应了解污染物的浓度是多少。

4) 空气污染物存在形态可以是颗粒物、气体或蒸气或混合物。若是颗粒物，应了解是固态还是液态，其沸点和蒸气压在作业温度下是否明显挥发、是否具有放射性、是否为油性，分散度大小，有无职业卫生标准，有无IDLH浓度（能立即威胁生命和健康的浓度），是否还可经皮肤吸收，是否对皮肤过敏、刺激或腐蚀，是否对眼睛刺激等。若是气体或蒸汽，应了解是否具有明显气味或刺激性，是否有职业卫生标准，是否有IDLH浓度，是否还可经皮肤吸收，是否对皮肤过敏和腐蚀，是否刺激皮肤及眼睛等。

(2) 应按照以下方法判定危害程度：

1) 如果有害环境性质未知，应作为IDLH环境；如果缺氧或无法确定是否缺氧，应作为IDLH环境。

2) 如果空气污染物浓度未知、达到或超过IDLH浓度，只要是其中之一都应作为IDLH环境。

3-32　在立即威胁生命和健康的环境下，呼吸防护用品的使用要求有哪些？

答：在立即威胁生命和健康的环境下，呼吸防护用品的使用要求：

(1) 在缺氧危险作业中使用呼吸防护用品，应符合GB 8958—2006《缺氧危险作业安全规程》的规定。

(2) 在空间允许的条件下，应尽可能由两人同时进入危险环境作业，并配备安全带和救生索；在作业区外至少应留一人与进入人员保持有效联系，并应备有救生和急救设备。

3-33　在低温环境下呼吸防护用品的使用要求有哪些？

答：在低温环境下呼吸防护用品的使用要求如下：

(1) 全面罩镜片应具有防雾或防霜的能力。

(2) 供气式呼吸器或携气式呼吸器使用的压缩空气或氧气应干燥。

（3）使用携气式呼吸器应了解低温环境下的操作注意事项。

3-34　呼吸防护用品检查与保养的要求是什么？

答：呼吸防护用品检查与保养有以下要求：

（1）应按照呼吸防护用品使用说明书中有关内容和要求，由受过培训的人员实施检查和维护，对使用说明书未包括的内容，应向生产者或经销商询问。

（2）应定期检查和维护呼吸防护用具。

（3）对携气式呼吸器，使用后应立即更换用完的或部分使用的气瓶或呼吸气体发生器，并更换其他过滤部件。更换气瓶时不允许将空气瓶与氧气瓶互换。

（4）应按国家有关规定，在具有相应压力容器检测资格的机构定期检测空气瓶或氧气瓶。

（5）应使用专用润滑剂润滑高压空气或氧气设备。

（6）使用者不得自行重新装填过滤式呼吸防护用品的滤毒罐或滤毒盒内的吸附过滤材料，也不得采取任何方法自行延长已经失效的过滤元件的使用寿命。

3-35　呼吸防护用品清洗与消毒的要求是什么？

答：呼吸防护用品清洗与消毒有以下要求：

（1）个人专用的呼吸防护用品应定期清洗和消毒，非个人使用的每次用后都应清洗和消毒。

（2）不应清洗过滤元件，对可更换过滤元件的过滤式呼吸防护用品，清洗前应将过滤元件取下。

（3）清洗面罩时，应按使用说明书要求拆卸有关部件。使用软毛刷在温水中清洗，或在温水中加适量中性洗涤剂清洗，清水冲洗干净后在清洁场所避日风干。

（4）若需使用广谱清洗剂消毒，在选用消毒剂时，特别是需要预防特殊病菌传播的情形，应先咨询呼吸防护用品生产者和工业卫生专家，并应特别注意消毒剂生产者的使用说明。

3-36　呼吸防护用品储存的要求是什么？

答：呼吸防护用品储存有以下要求：

（1）呼吸防护用品应储存在清洁、干燥、通风、无油污、无阳光直射和无腐蚀性气体的地方。

（2）若呼吸防护用品不经常使用，应将呼吸防护用品放入密封袋内储存。储存时应避免面罩变形，严禁重压，且防毒过滤元件不应敞口储存。

（3）所有紧急情况和救援使用的呼吸防护用品应保持待用状态，并置于管理、取用方便的地方，不得随意变更存放地点。

（4）防毒面具的滤毒罐（盒）的储存期为5年（3年），过期产品应经检验合格后方可使用。

3-37　SF_6 气体检漏仪的作用及要求是什么？

答：SF_6 气体检漏仪是用于绝缘电器的制造以及现场维护、测量 SF_6 气体含量的专用仪器。要求防水、抗干扰、使用简单方便、显示清晰、抗腐蚀，应按照产品使用说明书正确使用。

3-38　《安规》对呼吸防护用品的使用场合有哪些规定？

答：DL 5009.1—2014《电力建设安全工作规程　第1部分：火力发电》中有关规定：

4.7.2的4中1）作业时，操作人员应戴防尘口罩、防护眼镜或面罩。

4.11.3中4风沙天气，作业人员应佩戴口罩、防风镜等劳动防护用品。

4.13.2中16进行氩弧焊、等离子切割或有色金属切割时，宜戴静电防护口罩。

4.14.1中4查蓄电池时，人员应穿戴防酸碱护目镜、绝缘鞋、手套口罩和工作服。裤脚不得放入绝缘鞋内。

4.14.2中2油漆、防腐作业时应戴好防毒口罩并涂以防护油膏。作业人员严禁携带火种。

4.14.2中9环氧树脂、玻璃鳞片、喷涂聚脲作业时，应设排风装置，保持通风良好。人应站在上风方向，并戴防毒口罩及橡皮手套。作业面周围严禁使用明火，并配备消防设施。

4.14.2中12使用环氧树脂制作铠装热电偶冷端等作业时，应在通风良好的地方进行，操作人员应戴口罩和手套。

5.2.5的2中1）除锈机操作时应戴口罩、手套和防护眼镜。

5.2.7的2中4）应设置防尘装置或采用喷水防尘。作业时操作人员应戴防尘面具或防尘口罩。

5.9.4进行仰面粉刷作业时，作业人员应佩戴防尘口罩，并应采取防粉末、涂料等侵入眼内的措施。

5.10.3中4配制和使用有毒材料时，现场应采取通风措施，操作人员应穿防护服，戴口罩、手套和防护眼镜。

6.2.6的5中4）研刮球磨机轴瓦时，轴瓦应放置稳固。仰面研刮时，施工人员应戴防护眼镜和口罩。

6.2.7中3作业人员应穿密封式工作服，正确使用护目镜、手套、口罩等劳动防护用品。

6.3.4的2中1）电缆头制作时，应保持通风良好，操作人员应戴口罩和手套。

6.3.6 中 4 在滑环上打磨碳刷时，应在不高于盘车的转速下进行。打磨碳刷时，操作人员应戴口罩及防护眼镜。

6.4.3 中 3 检测区域应保持通风良好，作业人员应佩戴防护眼镜、乳胶手套、防毒口罩等。

6.4.4 的 1 中 3）试样打磨、抛光时应握紧试样，并与磨面接触平稳，严禁两人同时在一个旋转盘上操作。磨光时，作业人员应佩带防护眼镜及防尘口罩。

6.5.1 中 12 切削脆质金属或高速切削时，应戴防护眼镜，并按切屑飞射方向加设挡板：切削生铁时应戴口罩。

6.2.4 中 10 进入石灰石输送走廊应佩戴口罩、护目镜。

7.6.2 中 4 搬运、使用强腐蚀性及有毒药品时，应轻搬轻放，放置稳固。严禁肩扛、手抱，并根据工作需要戴口罩、橡胶手套及防护眼镜或防毒面具，穿橡胶围裙及长筒胶靴，裤脚须放在靴外。

7.6.2 中 11 开启强碱容器及溶解强碱时，应戴橡胶手套、口罩和眼镜并使用专用工具。配制热浓碱液时，应在通风良好的地点或在通风柜内进行，溶解速度应缓慢，并以木棒搅拌。

7.6.3 中 12 从事磷酸酯抗燃油工作的人员应熟悉抗燃油的特性，工作时应穿工作服，戴手套及口罩。

7.6.5 中 10 制氢站内的操作人员应穿防静电服装，站内配置电解液（碱液）时，必须备好清洗用水和 2%～3%的硼酸液，穿戴好防护用具（胶手套、防护眼镜、口罩和服装）。

Q/GDW 1799.1—2013《国家电网公司电力安全工作规程　变电部分》中有关规定：

9.7.3 带电清扫作业人员应站在上风侧位置作业，应戴口罩、护目镜。

11.5 在 SF_6 配电装置室低位区应安装能报警的氧量仪和 SF_6 气体泄漏报警仪，在工作人员入口处应装设显示器。上述仪器应定期检验，保证完好。

11.6 工作人员进入 SF_6 配电装置室，入口处若无 SF_6 气体含量显示器，应先通风 15min，并用检漏仪测量 SF_6 气体含量合格。尽量避免一人进入 SF_6 配电装置室进行巡视，不准一人进入从事检修工作。

11.8 进入 SF_6 配电装置低位区或电缆沟进行工作，应先检测含氧量（不低于 18%）和 SF_6 气体含量是否合格。

11.10 设备解体检修前，应对 SF_6 气体进行检验。根据有毒气体的含量，采取安全防护措施。检修人员需穿着防护服并根据需要佩戴防毒面具或正压式空气呼吸器。打开设备封盖后，现场所有人员应暂离现场 30min。取出吸附剂和清除粉尘时，检修人员应戴防毒面具或正压式空气呼吸器和防护手套。

11.13 SF_6 配电装置发生大量泄漏等紧急情况时，人员应迅速撤出现场，开启所有排风机进行排风。未佩戴防毒面具或正压式空气呼吸器人员禁止入内。只有经过充分的自然排风或强制排风，并用检漏仪测量 SF_6 气体合格，用仪器检测含氧量（不低于 18%）合格后，人员才准进入。发生设备防爆膜破裂时，应停电处理，并用汽油或丙酮擦拭干净。

11.14 进行气体采样和处理一般渗漏时，要戴防毒面具或正压式空气呼吸器并进行通风。

15.2.1.11 电缆隧道应有充足的照明，并有防火、防水、通风的措施。电缆井内工作时，禁止只打开一只井盖（单眼井除外）。进入电缆井、电缆隧道前，应先用吹风机排除浊气，再用气体检测仪检查井内或隧道内的易燃易爆及有毒气体的含量是否超标，并作好记录。电缆沟的盖板开启后，应自然通风一段时间，经测试合格后方可下井沟工作。电缆井、隧道内工作时，通风设备应保持常开。在电缆隧（沟）道内巡视时，作业人员应携带便携式气体测试仪，通风不良时还应携带正压式空气呼吸器。

15.2.1.15 制作环氧树脂电缆头和调配环氧树脂工作过程中，应采取有效的防毒和防火措施。

Q/GDW 1799.2—2013《国家电网公司电力安全工作规程　线路部分》中有关规定：

9.1.4 在下水道、煤气管线、潮湿地、垃圾堆或有腐质物等附近挖坑时，应设监护人。在挖深超过 2m 的坑内工作时，应采取安全措施，如戴防毒面具向坑中送风和持续检测等。监护人应密切注意挖坑人员，防止煤气、沼气等有毒气体中毒。

13.6.3 带电清扫作业人员应站在上风侧位置作业，应戴口罩、护目镜。

15.2.1.4 在下水道、煤气管线、潮湿地、垃圾堆或有腐质物等附近挖沟（槽）时，应设监护人。在挖深超过 2m 的沟（槽）内工作时，应采取安全措施，如戴防毒面具、向坑中送风和持续检测等。监护人应密切注意挖沟（槽）人员，防止煤气、硫化氢等有毒气体中毒及沼气等可燃气体爆炸。

15.2.1.12 电缆隧道应有充足的照明，并有防火、防水、通风的措施。电缆井内工作时，禁止只打开一只井盖（单眼井除外）。进入电缆井、电缆隧道前，应先用吹风机排除浊气，再用气体检测仪检查井内或隧道内的易燃易爆及有毒气体的含量是否超标，并作好记录。电缆沟的盖板开启后，应自然通风一段时间，经测试合格后方可下井工作。电缆井、隧道内工作时，通风设备应保持常开。在电缆隧（沟）道内巡视时，作业人员应携带便携式气体测试仪，通风不良时还应携带正压式空气呼吸器。

15.2.1.16 制作环氧树脂电缆头和调配环氧树脂工作过程中，应采取有效的防毒和防火措施。

第四章

耳 部 防 护

4-1　噪声有哪些危害?

答:噪声的危害性主要表现为以下几个方面。

(1) 损伤听觉系统。80dB 以上的噪声会导致听觉损伤,工作时间愈长,则听力损伤愈重。

(2) 诱发多种疾病。在超过标准的噪声影响下,往往引起耳鸣、心慌、头晕、头痛、多梦、失眠、乏力、记忆力减退、消化不良、食欲不振、恶心甚至呕吐、心跳加快、心律不齐、血管痉挛、血压升高等症状。噪声还可以导致冠心病和动脉硬化。

(3) 影响正常生活。噪声干扰人们谈话、听广播、打电话、上课与开会。

(4) 降低工作效率和影响安全生产。噪声易使人烦躁与疲乏,分散注意力,影响工作效率,降低工作质量。据统计,噪声可以降低劳动生产率10%～50%。由于噪声分散了人们的注意力,故容易引起工伤事故。

4-2　听力防护用品的分类及基本技术要求是什么?

答:听力防护用品是保护人耳,使其避免噪声过度刺激的器件。听力防护用品最常见的有耳塞和耳罩两类,其中耳塞又包括反复使用和丢弃式两种。一个好的听力防护用品,不论是耳塞还是耳罩都应符合以下技术要求:

(1) 与耳部的密合要好。

(2) 能有效地过滤噪声。

(3) 佩戴舒适,使用方便,外形美观,不影响通话,不遮掩危险声信号且经济耐用。

(4) 与其他防护用品,如安全帽、口罩、头盔等能良好地配合使用。

(5) 必须经国家指定的监督检验部门进行检验取得合格证后,方可批量生产。

4-3　耳塞的种类及特点是什么?

答:耳塞是插入外耳道内或置于外耳道口处的听力防护用品。耳塞的种类按其声衰减性能分为防低、中、高频声耳塞和隔高频声耳塞。按使用材料分为纤维耳塞、塑料耳塞、泡沫塑料耳塞和硅橡胶耳塞,其形状多种多样,如图 4-1 所示。

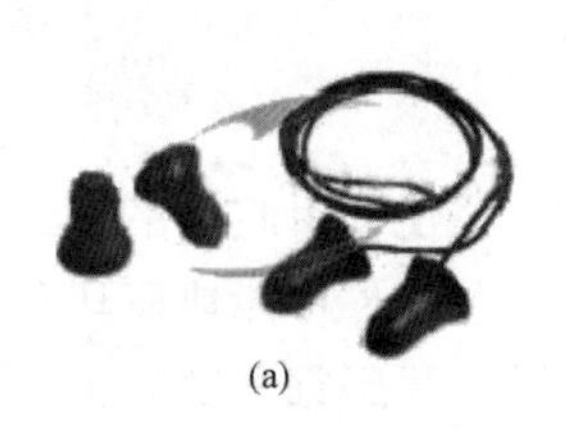
(a)
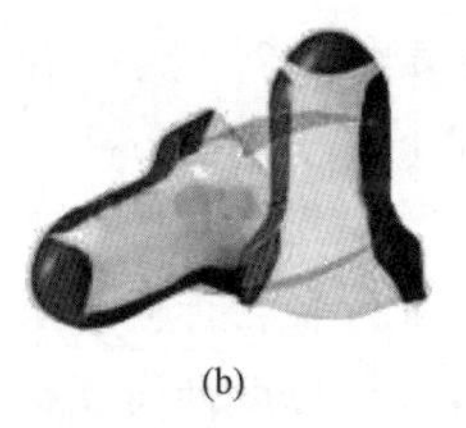
(b)
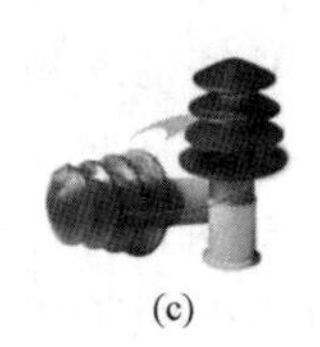
(c)

图 4-1　耳塞

(a) 形式一；(b) 形式二；(c) 形式三

(1) 纤维耳塞的优点是使用方便，成本较低；缺点是效果差，不能重复使用。因防声棉纤维短，耐柔性不够，易碎。因此，使用时最好用纸或薄纱布裹成适当的形状，便于取放。

(2) 塑料耳塞是刚弹性软塑料或软橡胶通过模具压制而成的，具有一定的几何形状。这种耳塞结构不同，性能各异，并根据人耳道的大小分为大、中、小三个型号。使用者可根据自己耳道的大小，选用相应的规格，使耳塞与耳道密合良好，以提高隔声性能。这种耳塞平均隔声量为 15～25dB。在各类耳塞中，以这种耳塞使用最广泛。

(3) 泡沫塑料耳塞是用一种具有回弹性的特殊泡沫塑料制成的，使用时用手将它捻缩后放入外耳道，能随耳道形状不同自行膨胀而充满耳道。这种耳塞适合于各种耳道形状、大小的人使用。缺点是易被沾污，影响重复使用。

(4) 硅橡胶耳塞由一种硅橡胶糊，经过与固化剂调制后，在液体状态下注入外耳道内，经 10～20min 固化成型。这种耳塞的大小完全适合使用者耳形，密闭性好，隔声值较高。

耳塞的优点是结构简单，体积小，质量轻，价廉，使用方便。对中、高频噪声有较好的隔声效果，而对低频噪声的隔声效果较差。缺点是当佩戴时间长或耳塞大小选用不当时，主观感觉不舒适，易引起耳道疼痛。

4-4　耳塞的技术要求有哪些?

答：耳塞的技术要求如下：

(1) 结构要求。结构设计应考虑到在佩戴时容易放进和取出，使用时不容易滑脱失落，佩戴后无明显的痒、胀、疼痛和其他不舒适感。造型应考虑到不能插入外耳道太深，与外耳道各壁应轻柔贴合密封。使多数人可以佩戴，携带方便。为防失散，可以将两只耳塞用一条细绳连接。

(2) 材料要求。耳塞应选用隔声性能好的材料，在一般使用情况下，不易破损，强度、硬度和弹性适当，容易清洗消毒。在恶劣环境中使用不易产生永久性变形、老化和破裂，与皮肤接触时无刺激性。

(3) 性能要求。耳塞的声衰减量，应满足规范要求。

4-5 耳塞的使用要求是什么？

答：耳塞的使用要求如下：

（1）各种耳塞在使用时，要先将耳廓向上提拉，使耳甲腔呈平直状态，然后手持耳塞柄，将耳塞帽体部分轻轻推向外耳道内，并尽可能地使耳塞体与耳甲腔相贴合。但不要用劲过猛过急或插得太深，以自我感觉适度为止。

（2）戴后感到隔声不良时，可将耳塞稍微缓慢转动，调整到效果最佳位置为止。如果经反复调整仍然效果不佳时，应考虑改用其他型号规格的耳塞试用，以满足最佳隔声效果。

（3）佩戴泡沫塑料耳塞时，应将圆柱体搓成锥形体后再塞入耳道，让塞体自行回弹、充满耳道。

（4）佩戴硅橡胶自行成型的耳塞，应分清左右塞，不能弄错；放入耳道时，要将耳塞转动放正位置，使之紧贴耳甲腔内。

4-6 耳罩的结构及要求是什么？

答：耳罩由压紧每个耳廓或围住耳廓四周而紧贴在头上遮住耳道的壳体所组成的一种听力防护用品（见图4-2），它由耳罩壳体、耳垫及专门的头环、颈环或借助于安全帽或其他设备上附着的器件组成。耳罩壳体是用来压紧每个耳廓或围住耳廓四周而遮住耳道的具有一定强度和声衰减作用的罩壳；耳垫是覆在耳罩壳体边缘和人头部接触的环状软垫；头环是用来连接两个耳罩壳体、具备一定夹紧力的佩戴器件。

(a)

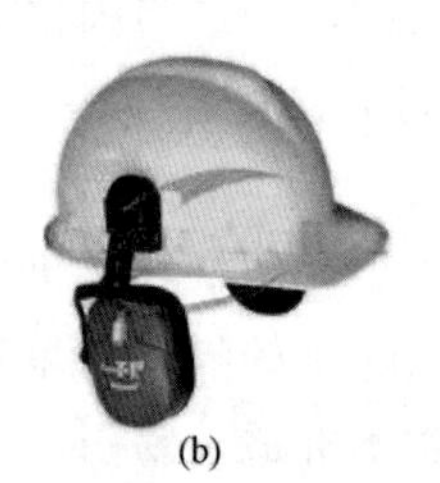
(b)

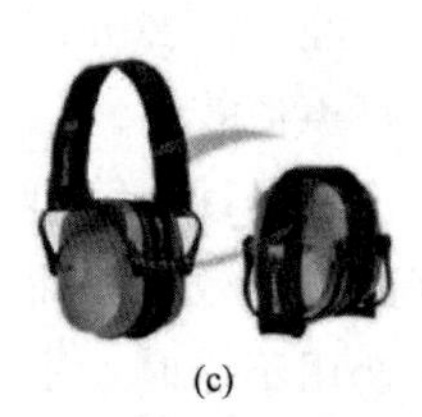
(c)

图4-2 耳罩

（a）形式一；（b）形式二；（c）形式三

耳罩壳体必须能在相互垂直的两个方向上转动；耳垫必须是可更换的，接触皮肤部分应无刺激，且能经受消毒液的反复清洗，耳垫材料应柔软，具有一定的弹性，以增加耳罩的密封性和舒适性；头环需弹性适中，长短应能调节，佩戴时没有压痛或明显的不舒服感，高度应在112～142mm范围可调。

4-7 耳罩的技术要求是什么？

答：（1）声衰减量应符合规范要求。

（2）夹紧力。耳罩的夹紧力按规定的方法测得，其值不应大于10N。

（3）抗疲劳性能。按规定的方法检验，各部件应没有断裂和裂缝。任一试样的夹紧力与原始测得值之差不应大于原始值的10%。

(4) 抗跌落性能。将试样放在(0±2)℃中放置4h后取出，2min内从1.5m高度往平整的混凝土地面上跌落6次，除耳垫外，其他部件应无破损和裂缝。

(5) 耐潮性能。将耳罩除掉耳垫和内衬，放在(50±2)℃的水槽中24h，再转入室温为15～35℃、相对湿度不大于60%的环境中24h后取出观察，头环应没有明显的变形和尺寸改变及其他异常现象。任一试样的夹紧力与原始测得值之差不应大于原始值的10%。

(6) 耐高温性能。只有在特殊情况才要求耐高温(如在炉窑前操作、热轧车间)。规定将试样放在(50±2)℃恒温箱中4h后取出，应无变形、粘着、龟裂及其他异常现象。在15～35℃的室温中1h后检验夹紧力，其与原始测得值之差不应大于原始值的10%。

(7) 耐低温性能。在高寒地区作业，如凿岩时佩戴耳罩应对材料有耐低温要求。规定将试样放在(－20±2)℃的冰箱中4h，取出1min内按抗跌落性能的检验方法试验，不应出现部件有硬化、龟裂及其他异常现象。任一试样的夹紧力与原始测得值之差不应大于原始值的10%。

(8) 耐腐蚀性能。将试样金属部件放在(40±2)℃腐蚀液(氯化钠20g/L，氯化铵1.5g/L，尿素5g/L，乙酸2.5g/L，乳酸15g/L，加氢氧化钠使溶液pH值为4.5～5)中24h，部件应浸没在腐蚀液中，并与液面、器皿壁保持约30mm。取出后检查，应无严重深层变色现象。

4-8　耳罩的使用要求是什么?

答：耳罩的使用要求如下：

(1) 使用耳罩时，应先检查罩壳有无裂纹和漏气现象，佩戴时应注意罩壳的方向，顺着耳廓的形状戴好。

(2) 将耳罩及头环调至适当位置，使耳垫与周围皮肤相互密合，感觉合适。

4-9　听力防护用品的选择要求是什么?

答：目前在耳塞类听力防护用品中，国际上较流行的是一种具有慢回弹性的泡沫制的耳塞，它具有携带存放方便、降噪效果好的优点，并且能适合不同人的耳道，佩戴时感觉舒适。耳罩类产品也向多样性发展，有的可直接与安全帽配合使用，有的可防振，有的可折叠等。随着人们生活质量的提高，听力防护用品也用在了人们的日常生活中。坐飞机旅行时、看书学习时及所有需要安静环境的场合，都可以佩戴护耳产品。但要注意，只要有噪声存在，就应注意保护听力，因为听力的损失是不可恢复的。其实一个小小的耳塞就能解决噪声的烦恼。

4-10 听力防护用品的使用和保养要求是什么？

答：听力防护用品的使用和保养要求如下：

（1）无论是戴耳罩还是耳塞，均应在进入有噪声场合前戴好，在噪声区不得随意摘下，以免伤害耳膜。如确需摘下，应在休息时离开噪声区后，到安静处再取出耳塞或摘下耳罩。

（2）耳塞或耳罩的耳垫用后需用肥皂、清水清洗干净，晾干后再收藏备用。橡胶制品应防热变形，同时撒上滑石粉储存。

4-11 规范对听力防护的要求是什么？

答：卫健委颁布的WS/T 754—2016《噪声职业病危害风险管理指南》中规定：当劳动者职业暴露的噪声强度等效声级大于等于85dB(A)时，用人单位应建立有效的听力保护计划。85dB(A)为听力保护计划强制水平，80dB(A)为听力保护计划行动水平。

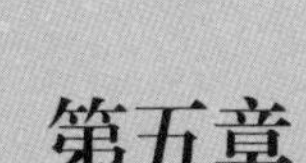

第五章

手 部 防 护

5-1 人体所能承受的安全电流是多少?

答: 人体电阻值在800～1000Ω，但因人的胖瘦、皮肤的粗细、年龄的大小、个子的高矮不一致而各异，当然也与人的体力强弱不同而不同。美国的安全电流标准是工频交流16mA，我国的电流标准是14mA。一般情况下，在工频交流1mA或直流5mA下人体就有麻的感觉，在工频交流14mA以下能够摆脱电源，如果在工频交流电流20～25mA、直流80mA下，人体将引起麻木或者剧痛或者呼吸困难，不能摆脱电流，时间一长可能造成生命危险。

5-2 绝缘防护用品绝缘性能好坏的最主要指标是什么?

答: 绝缘防护用品（绝缘手套、靴、鞋等）穿戴的目的，主要是防止人体通过电流造成的触电伤害，因此绝缘防护用品防护性能的好坏主要看在一定的电压下所通过的泄漏电流的大小，如果泄漏电流在安全电流数值范围之内是安全的，否则是不安全的。如果施加一定的电压，尽管没有造成击穿，但泄漏电流过大同样会造成人体伤害。

5-3 绝缘防护用品为什么要进行预防性试验?

答: 绝缘防护用品进行预防性试验，是电力行业保证人身安全万无一失的严格规定。绝缘防护用品有的三包期比较长，在这么长的时间内，由于其老化作用或储存等条件造成的劣化，可能造成绝缘防护用品绝缘性能下降。因此，从安全第一的角度出发，在使用绝缘防护用品之前进行预防性试验是十分必要的，并且对绝缘防护用品应进行定期的预防性试验。绝缘防护用品的预防性试验合格后，方可使用。

5-4 绝缘防护用品为什么要保持干燥状态?

答: 因为绝缘防护用品如果含有一定量的水分，则绝缘体的体积电阻值与表面电阻值将大大降低，使绝缘体的绝缘性能大大下降甚至破坏。因为水的原子构成角为∠HOH＝105°，具有强的极性，能生成离子导电；再者水中存在许多杂质，在热、光、电的作用下能发生化学变化而生成导电体，破坏绝缘性能，所以保持绝缘防护用品的干燥，能极大地提高安全性能。因此，绝缘防护用品在日常的使用和维护中，应保持干燥状态，谨防受潮。

5-5　手部防护的要求是什么？

答：工作中引起手部伤害的主要原因有两个：完全没有使用手部防护产品或选择了错误的特殊用途手套。选择手套时，绝不可以将一种手套用于所有用途。要选择最有效的防护手套，先确定作业中可能遇到的所有危害，同时还要考虑到舒适性、灵活性和使用性能，因此具备为各种情况选择最适合手套的知识是必要的。选择好手套后，应对作业人员进行全面的手部防护培训，张贴警示图片，并定期检验手部防护产品的使用效果。

5-6　防护手套的种类有哪些？

答：没有一种手套可以用于所有工作中，因此有绝缘、抗磨损、防刺穿、耐切割、防化、耐油、防静电、防寒和隔热等手部防护产品。按使用特性可分为绝缘手套、防机械刺穿手套、耐切割手套、防振手套、耐酸（碱）手套、耐油手套、防静电手套、防寒手套、耐高温阻燃手套、焊工手套、电热手套、防热辐射手套、防X射线手套、防微波手套和防水手套等；按手套形状可分为五指手套、三指手套、连指手套、直形手套和手形手套，如图5-1所示。

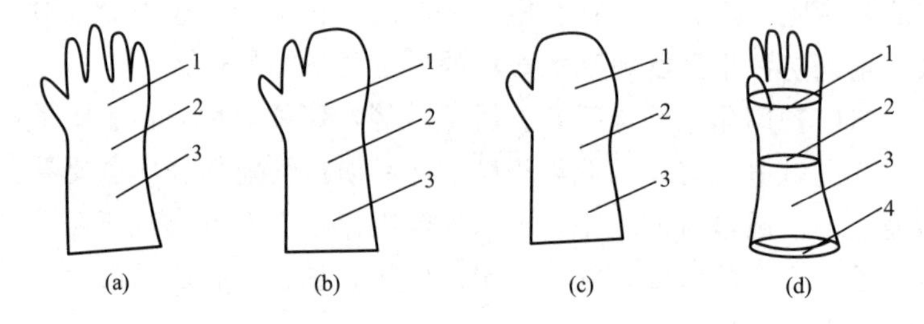

图5-1　防护手套

（a）五指手套；（b）三指手套；（c）连指手套；（d）手形手套

1—手掌；2—腕部；3—袖筒；4—袖卷边

5-7　绝缘手套的作用是什么？

答：绝缘手套是在高压电气设备上进行操作时使用的安全用具，可用于操作高压隔离开关、高压跌落式熔断器、断路器等。在低压带电设备上工作时，可把它作为基本安全用具使用，即使用绝缘手套可直接在低压设备上进行带电作业。绝缘手套可使人的两手与带电物绝缘，是防止工作人员同时触及不同极性带电体而导致触电的安全用具，如使用绝缘杆时，戴上绝缘手套，可提高绝缘性能，防止泄漏电流对人体的伤害。

5-8　绝缘手套的材料和种类有哪些？

答：绝缘手套是由特种橡胶制成的，起电气绝缘作用。绝缘手套的种类如下：

（1）普通型绝缘手套，分为高压和低压两种，如图5-2(a)所示。

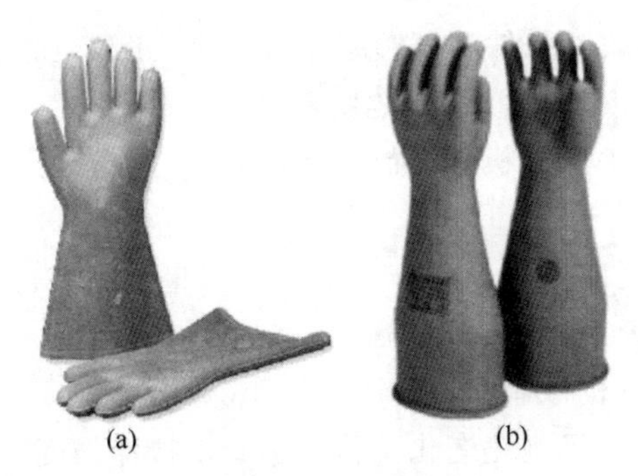

图 5－2　绝缘手套

(a) 普通型绝缘手套；(b) 带电作业用绝缘手套

(2) 带电作业用绝缘手套，按照在不同电压等级的电气设备上使用，手套分为1、2、3三种型号。1型适用于在3kV及以下电气设备上工作；2型适用于在10kV及以下电气设备上工作；3型适用于在20kV及以下电气设备上工作，如图5－2(b) 所示。

5－9　带电作业用绝缘手套与普通型绝缘手套有什么不同?

答：带电作业用绝缘手套允许不同型号手套在使用电压范围内带电作业，普通型绝缘手套是辅助安全用具，不允许带电作业。带电作业用绝缘手套按GB/T 17622—2008《带电作业用绝缘手套》规定的形式试验和抽样试验，手套应浸入水中进行 (16±0.5)h 预湿后，必须通过交流验证电压试验和交流最低耐受电压试验。普通型绝缘手套没有预浸水的规定，更没有高于工作电压的交流最低耐受电压试验。因此，不可将普通型绝缘手套作为带电作业用绝缘手套来使用。

5－10　带电作业用绝缘手套的技术要求是什么?

答：对带电作业用绝缘手套有以下技术要求：

(1) 电气性能。手套必须具有良好的电气绝缘特性，能达到表5－1规定的要求。

表5－1　　电气绝缘性能要求

型号	标称电压（均方根值，kV）	交流试验					直流试验	
		验证试验电压（均方根值，kV）	最低耐受电压（均方根值，kV）	泄漏电流（均方根值，mA）			验证试验电压（kV）	最低耐受电压（kV）
				手套长度（mm）				
				360	410	460		
1	3	10	20	14	16	18	20	40
2	10	20	30	14	16	18	30	60
3	20	30	40	14	16	18	40	70

试验电压波形、试验条件和试验程序应符合 GB/T 16927.1—2011《高电压试验技术　第1部分：一般定义及试验要求》的规定。

（2）机械性能。手套的机械性能包括拉伸强度、扯断伸长率、拉伸永久变形和抗刺穿力。

1）平均拉伸强度应不低于 14MPa，平均扯断伸长率应不低于 600%。

2）拉伸永久变形不应超过 15%。

3）绝缘手套的抗机械刺穿力应不小于 18N/mm。

（3）耐老化性能。经过热老化试验的手套，拉伸强度和扯断伸长率所测值应为未进行热老化试验手套所测值的 80%以上，拉伸永久变形不应超过 15%。

（4）耐燃性能。按标准规定的方法经过燃烧试验后的手套，在火焰退出后，观察手套上燃烧试验火焰的蔓延情况。经过 55s，如果燃烧火焰未蔓延至手套末端 55mm 基准线处，则试验合格。

（5）耐低温性能。手套按标准规定的方法经过耐低温试验后，在受力情况下经目测应无破损、断裂和裂缝出现，并应在不经过吸潮处理的情况下，通过绝缘试验。

5-11　绝缘手套外观及尺寸检查的内容是什么？

答：手套的型号、规格、生产厂家等标记清晰、完整。手套应具有柔软良好的服用性能，内外表面均应平滑、完好无损，无划痕、裂缝、折缝和孔洞。尺寸应符合相关标准要求。将手套由袖口向手指方向滚卷至手腕，滚卷过程中未卷部分应无漏气现象。

5-12　绝缘手套的预防性试验要求是什么？

答：普通型绝缘手套预防性试验包括工频耐压和泄漏电流试验，带电作业用绝缘手套预防性试验包括交流耐压试验和直流耐压试验，试验周期为 6 个月。

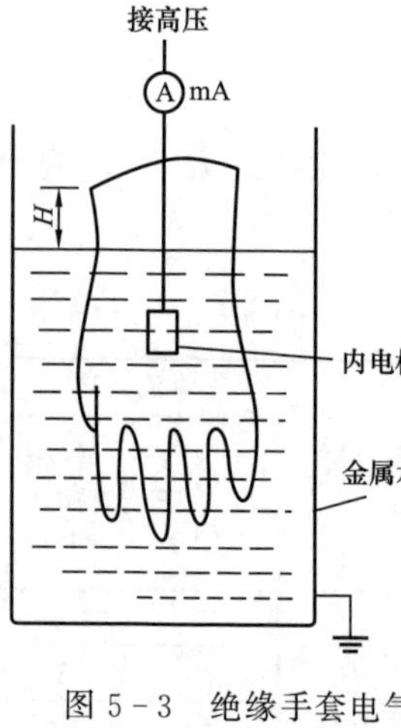

5-13　绝缘手套工频耐压、泄漏电流和直流耐压试验方法是什么？

答：试验应在环境温度为（23±2）℃的条件下进行。

将被试手套内部注入电阻率不大于 750Ω·cm 的水，然后浸入盛有相同水的水槽中，并使手套内外水平面呈相同高度，如图 5-3 所示，其吃水深度应符合表 5-2 的规定。水中应无气泡和气隙。试验前，手套上端露出水面部分应擦干。

图 5-3　绝缘手套电气性能试验图

手套进行工频耐压试验时，交流电压应从较低值开始，约 1000V/s 的恒定速度逐渐升压，直至达到表 5-2 所规定的工频耐压值，所施电压应保持 1min，以无电晕发生、无闪络、无击穿、无明显发热为合格。并同时测量泄漏电流，其值不大于表 5-2 中规定值为合格。在试验结束时立即降低所加电压至零值，并断开试验回路。

表 5-2　　绝缘手套电气性能要求

分类	型号	露出水面长度 H（mm）	工频耐压（kV）	泄漏电流（mA）	直流耐压（kV）
普通型	高压	90	8.0	≤9.0	—
	低压	90	2.5	≤2.5	—
带电作业型	1（3kV）	40	10	手套长度 360mm：≤14	20
	2（10kV）	65	20	手套长度 410mm：≤16	30
	3（20kV）	90	30	手套长度 460mm：≤18	40

带电作业用绝缘手套进行直流耐压试验时，试验电压为表 5-2 的规定值，加压时间保持 1min，以无电晕发生、无闪络、无击穿、无明显发热为合格。

5-14　带电作业用绝缘手套在高压试验中有的为什么会发现龟裂？

答：带电作业用绝缘手套在进行高压试验时，因注水高度不标准或手套袖口未浸水部分不干燥，造成高压下手套表面空气产生电离并放电，把空气中的氧气电离成臭氧，臭氧的浓度加大时对橡胶造成极大的氧化破坏，使橡胶龟裂破坏，因此，高压试验对橡胶来说是破坏性试验。

5-15　带电作业用绝缘手套的工艺修整和外观检查的要求是什么？

答：对于形式试验、常规试验和抽样试验，带电作业用绝缘手套应进行外观检查和厚度检查。

（1）手套表面必须平滑，内外面应无针孔、疵点、裂纹、砂眼、杂质、修剪损伤、夹紧痕迹等各种明显缺陷和明显的波纹及明显的铸模痕迹。不允许有染料溅污痕迹。

手套表面出现小的凹陷、隆起或压痕时，如果满足下述要求，不应视为废品。

1）凹陷直径不大于 1.6mm，圆弧形边缘及其表面没有明显的破裂，在反面用拇指展开时看不见痕迹。凹陷不应超过 3 处，且任意两处间距不小于 15mm。

2）手套的手掌和分叉处没有这些缺陷。

3）小的隆起仅为小块凸起橡胶，不易用手指除去，不影响橡胶的弹性。

为改善握紧效果而设计的手掌和手指表面不应视为缺陷。

（2）外观检查以目测为主，并用量具测定缺陷程度，长度用精度为 1mm 的钢直尺测量，厚度用精度为0.02mm的游标卡尺测量。

5-16 带电作业用绝缘手套的标记要求是什么？

答：每只手套上必须有明显且持久的标记，内容包括象征符号（双三角形），制造厂名或商标，型号，使用电压等级，制造年份、月份。标记符及标记符的位置应符合图5-4的规定。

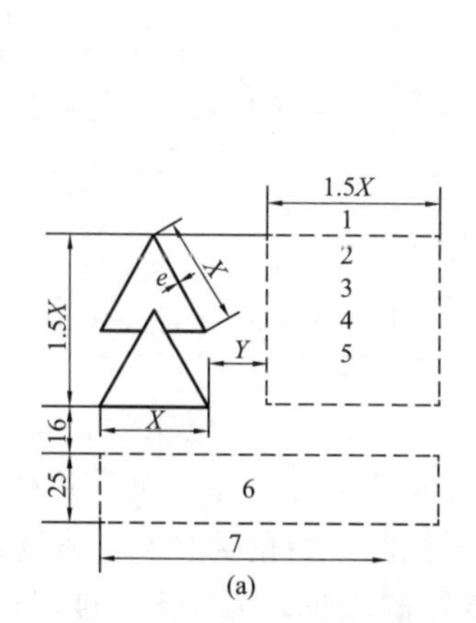

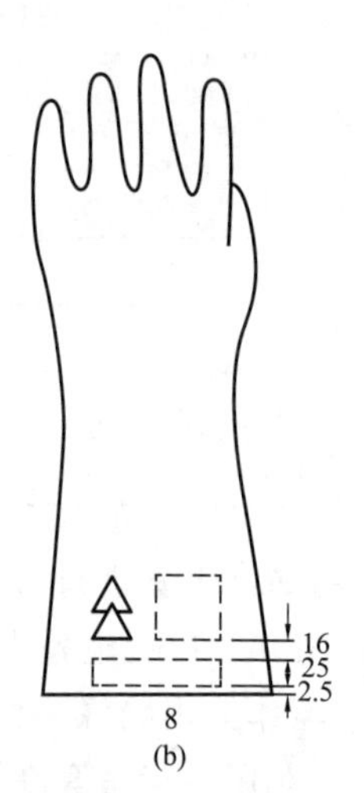

图5-4 标记符及标记符位置

（a）标记符；（b）标记符位置

1—见注2；2—型号；3—生产厂家；4—年月；5—规格；6—记载定期检查日期的附加位置（在袖口表面）；7—根据需要确定；8—标准位置

注：1. 全部尺寸的单位均为mm。

2. 所考虑的附加位置仅用于记载定期检查数据。
所考虑的附加位置也允许放在标记符的下面。

3. 尺寸：X可以为16.25mm或40mm，$Y=X/2$，e为线条粗细，最小为1mm。

4. 标记符位置离袖口不得小于2.5mm。

5-17 带电作业用绝缘手套的包装要求是什么？

答：手套应成双置入纸袋，并附有检验合格证及使用说明书，然后装入规定数量的箱中，箱上应印有下列标志：生产厂名或商标、产品名称、产品规格、数量、生产日期、包装箱号等。

5-18 带电作业用绝缘手套的储存要求是什么？

答：库存手套应包装储存在专用箱内，避免阳光直射、雨雪浸淋，手套应小心放置，以免挤压折叠。

手套禁止与油、酸、碱或其他影响橡胶质量的物质接触，并距离热源1m以上。储存环境温度宜为10～20℃。

5-19 绝缘手套的使用及保管注意事项有哪些？

答：绝缘手套的使用及保管注意事项如下：

（1）使用绝缘手套前，应检查是否超过有效试验期。

（2）使用前，应进行外观检查，查看橡胶是否完好，查看表面有无针孔、疵点、裂纹、砂眼、杂质、修剪损伤、夹紧痕迹等。如有粘胶破损或漏气现象，应禁止使用，检查方法如图 5-5 所示，将手套朝手指方向卷曲，当卷到一定程度时，内部空气因体积减小、压力增大，手指若鼓起，为不漏气者，即为良好，如图 5-5(a) 所示；也可采用便携式绝缘手套检测仪，将绝缘手套套在检测仪上，就像给气球打气一样将气体打进去，检查绝缘手套有无漏气，如图 5-5(b) 所示。

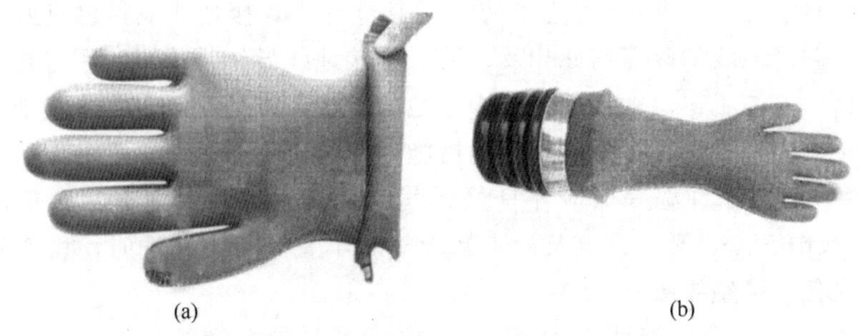

(a)　(b)

图 5-5　绝缘手套漏气现象检查方法示意图

(a) 卷曲法；(b) 充气法

（3）使用绝缘手套时，应将外衣袖口塞进手套的袖筒里。

（4）因为对绝缘手套有电气性能的要求，所以不能用医疗或化学用的手套代替绝缘手套，同时也不应将绝缘手套作其他用途。

（5）绝缘手套应统一编号，现场使用的绝缘手套最少应保证两副。

（6）绝缘手套使用后应擦净、晾干，保持干燥、清洁，最好洒上一些滑石粉，以免粘连。

（7）绝缘手套应存放在干燥、阴凉的专用柜内，与其他工具分开放置，其上不得堆压任何物件，以免刺破手套。

（8）绝缘手套不允许放在过冷、过热、阳光直射和有酸、碱、药品的地方，以防胶质老化，降低绝缘性能。

5-20　《安规》对绝缘手套使用的规定有哪些?

答：Q/GDW 1799.1—2013《国家电网公司电力安全工作规程　变电部分》中有关规定：

5.2.4 高压设备发生接地时，室内人员应距离故障点 4m 以外，室外人员应距离故障点 8m 以外。进入上述范围人员应穿绝缘靴，接触设备的外壳和构架时，应戴绝缘手套。

5.3.6.9 用绝缘棒拉合隔离开关（刀闸）、高压熔断器或经传动机构拉合断路器（开关）和隔离开关（刀闸），均应戴绝缘手套。雨天操作室外高压设备时，绝缘棒应有防雨罩，还应穿绝缘靴。接地网电阻不符合要求的，晴天也应穿绝缘靴。雷电时，禁止就地倒闸操作。

5.3.6.10 装卸高压熔断器，应戴护目眼镜和绝缘手套，必要时使用绝缘夹钳，并站在绝缘垫或绝缘台上。

7.3.2 高压验电应戴绝缘手套。验电器的伸缩式绝缘棒长度应拉足，验电时手应握在手柄处不得超过护环，人体应与验电设备保持表1中规定的距离。雨雪天气时不得进行室外直接验电。

7.4.9 装设接地线应先接接地端，后接导体端，接地线应接触良好，连接应可靠。拆接地线的顺序与此相反。装、拆接地线导体端均应使用绝缘棒和戴绝缘手套。人体不得碰触接地线或未接地的导线，以防止触电。带接地线拆设备接头时，应采取防止接地线脱落的措施。

9.6.1 带电水冲洗一般应在良好天气时进行。风力大于4级，气温低于－3℃，或雨、雪、雾、雷电及沙尘暴天气时不宜进行。冲洗时，操作人员应戴绝缘手套、穿绝缘靴。

9.12.1 进行直接接触20kV及以下电压等级带电设备的作业时，应穿着合格的绝缘防护用具（绝缘服或绝缘披肩、绝缘手套、绝缘鞋）；使用的安全带、安全帽应有良好的绝缘性能，必要时戴护目镜。使用前应对绝缘防护用具进行外观检查。作业过程中禁止摘下绝缘防护用具。

10.4 转动着的发电机、同期调相机，即使未加励磁，亦应认为有电压。

禁止在转动着的发电机、同期调相机的回路上工作，或用手触摸高压绕组。必须不停机进行紧急修理时，应先将励磁回路切断，投入自动灭磁装置，然后将定子引出线与中性点短路接地，在拆装短路接地线时，应戴绝缘手套，穿绝缘靴或站在绝缘垫上，并戴防护眼镜。

10.8 禁止在转动着的高压电动机及其附属装置回路上进行工作。必须在转动着的电动机转子电阻回路上进行工作时，应先提起碳刷或将电阻完全切除。工作时要戴绝缘手套或使用有绝缘把手的工具，穿绝缘靴或站在绝缘垫上。

14.3.4 使用钳型电流表时，应注意钳型电流表的电压等级。测量时戴绝缘手套，站在绝缘垫上，不得触及其他设备，以防短路或接地。

15.2.1.9 开断电缆以前，应与电缆走向图图纸核对相符，并使用专用仪器（如感应法）确切证实电缆无电后，用接地的带绝缘柄的铁钎钉入电缆芯后，方可工作。扶绝缘柄的人应戴绝缘手套并站在绝缘垫上，并采取防灼伤措施（如防护面具等）。使用远控电缆割刀开断电缆时，刀头应可靠接地，周边其他施工人员应临时撤离，远控操作人员应与刀头保持足够的安全距离，防止弧光和跨步电压伤人。

15.2.2.4 电缆的试验过程中，更换试验引线时，应先对设备充分放电，作业人员应戴好绝缘手套。

16.4.2.2 使用金属外壳的电气工具时应戴绝缘手套。

Q/GDW 1799.2—2013《国家电网公司电力安全工作规程　线路部分》中有关规定：

6.3.1 在停电线路工作地段接地前，应使用相应电压等级、合格的接触式验电器验明线路确无电压。

直流线路和 330kV 及以上的交流线路，可使用合格的绝缘棒或专用的绝缘绳验电。验电时，绝缘棒或绝缘绳的金属部分应逐渐接近导线，根据有无放电声和火花来判断线路是否确无电压。验电时应戴绝缘手套。

7.2.5 操作机械传动的断路器（开关）或隔离开关（刀闸）时，应戴绝缘手套。没有机械传动的断路器（开关）、隔离开关（刀闸）和跌落式熔断器，应使用合格的绝缘棒进行操作。雨天操作应使用有防雨罩的绝缘棒，并穿绝缘靴、戴绝缘手套。

7.3.3 杆塔、配电变压器和避雷器的接地电阻测量工作，可以在线路和设备带电的情况下进行。解开或恢复杆塔、配电变压器和避雷器的接地引线时，应戴绝缘手套。禁止直接接触与地断开的接地线。

12.1.7 配电设备验电时，应戴绝缘手套。如无法直接验电，可以按 6.3.3 条的规定进行间接验电。

12.1.9 配电设备接地电阻不合格时，应戴绝缘手套方可接触箱体。

13.10.1 进行直接接触 20kV 及以下电压等级带电设备的作业时，应穿着合格的绝缘防护用具（绝缘服或绝缘披肩、绝缘手套、绝缘鞋）；使用的安全带、安全帽应有良好的绝缘性能，必要时戴护目镜。使用前应对绝缘防护用具进行外观检查。作业过程中禁止摘下绝缘防护用具。

14.4.2.4 绝缘隔板和绝缘罩：绝缘隔板和绝缘罩只允许在 35kV 及以下电压的电气设备上使用，并应有足够的绝缘和机械强度。用于 10kV 电压等级时，绝缘隔板的厚度不应小于 3mm，用于 35kV 电压等级不应小于 4mm。现场带电安放绝缘隔板及绝缘罩时，应戴绝缘手套、使用绝缘操作杆，必要时可用绝缘绳索将其固定。

15.2.1.10 开断电缆以前，应与电缆走向图图纸核对相符，并使用专用仪器（如感应法）确切证实电缆无电后，用接地的带绝缘柄的铁钎钉入电缆芯后，方可工作。扶绝缘柄的人应戴绝缘手套并站在绝缘垫上，并采取防灼伤措施（如防护面具等）。使用远控电缆割刀开断电缆时，刀头应可靠接地，周边其他施工人员应临时撤离，远控操作人员应与刀头保持足够的安全距离，防止弧光和跨步电压伤人。

15.2.2.4 电缆的试验过程中，更换试验引线时，应先对设备充分放电。作业人员应戴好绝缘手套。

16.4.2.2 使用金属外壳的电气工具时应戴绝缘手套。

5－21　防机械刺穿手套的式样和分类有哪些？

答：防机械刺穿手套采用加衬的合成橡胶材料制成，有连指手套和分指手套两种式样，如图5－6所示。其表面应能防止机械磨损、化学腐蚀、抗机械刺穿并具有一定的抗氧化能力和阻燃特性。

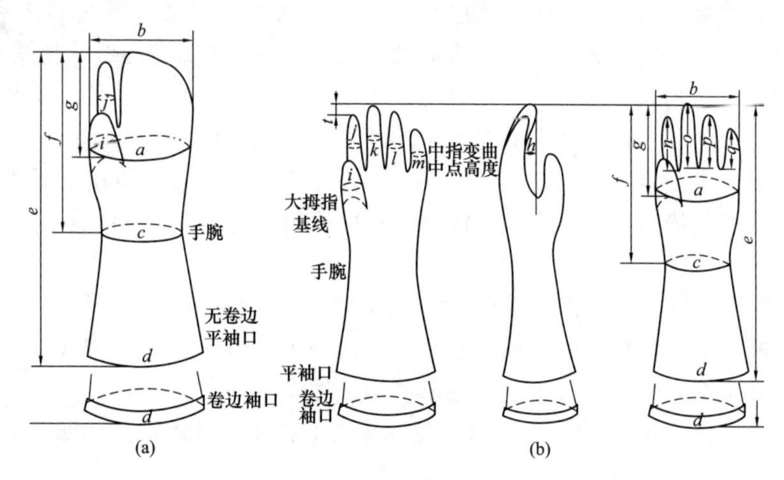

图5－6　防机械刺穿手套

（a）连指手套；（b）分指手套

防机械刺穿手套除普通型外，还有特殊性能的A、H、Z、P类和C类防机械刺穿手套，分别具有耐酸，耐油，耐臭氧，耐酸、油和臭氧，耐低温性能。

防机械刺穿手套按使用的额定电压分为00型、0型和1型3种型号，00型适用于0.4kV电压等级，0型适用于1kV电压等级，1型适用于3kV电压等级。

5－22　防机械刺穿手套的外形尺寸是什么？

答：不同型号手套的长度标准：00型为270mm和360mm；0型为270、360、410mm和460mm；1型为410mm和460mm。

对于所有型号的手套，长度允许偏差均为±15.0mm。

防机械刺穿手套尺寸规格见图5－6及表5－3，除总长度e外，其他尺寸规格供测量时参考，不作为强制性的规定。

5－23　防机械刺穿手套的电气性能是什么？

答：手套必须具有良好的电气绝缘性能，能达到表5－4所规定的耐压水平。

表 5-3　　手套尺寸规格

部位说明	符号	规格（mm）			
		270	360	410	460
手掌周长	a	210	235	255	280
手腕周长	c	220	230	240	255
袖口周长	d	360	360	360	360
手指周长	i	70	80	90	95
	j	60	70	80	85
	k	60	70	80	85
	l	60	70	80	85
	m	55	60	70	75
手掌宽度	b	95	100	110	125
手腕到中指尖长度	f	170	175	185	195
大拇指基线到中指尖长度	g	110	110	115	120
中指弯曲中点高度	h	6	6	6	6
手指长度	n	60	65	70	70
	o	75	80	85	85
	p	70	75	80	80
	q	55	60	65	65
食指与中指高差	t	15	17	15	17

表 5-4　　电气绝缘性能要求

型号	交流试验						直流试验	
	验证试验电压（kV）	最低耐受电压（kV）	泄漏电流（μA）				验证试验电压（kV）	最低耐受电压（kV）
			手套长度（mm）					
			270	360	410	460		
00	2.5	5	12	14	—	—	4	8
0	5	10	12	14	16	18	10	20
1	10	20	—	—	16	18	20	40

试验电压波形、试验条件和试验程序应符合 GB/T 16927.1—2011《高电压试验技术　第1部分：一般定义及试验要求》的规定。

5-24　防机械刺穿手套的机械性能是什么？

答：防机械刺穿手套的机械性能如下：

（1）耐磨性能。平均磨损量应小于 0.05mg/r。

（2）抗机械刺穿性能。防机械刺穿手套抗机械刺穿力应大于 60N。

（3）抗撕裂性能。防机械刺穿手套抗撕裂力应大于 30N。

（4）拉伸强度和扯断伸长率。平均拉伸强度不应低于 14MPa，平均扯断伸长率不应低于 600%。

（5）抗切割性能。最小抗切割指数不小于 2.5。

5－25 防机械刺穿手套的耐老化性能是什么？

答：经过热老化试验的抗机械刺穿手套，抗撕裂力最小应大于 25N。

5－26 防机械刺穿手套的耐燃性能是什么？

答：经过燃烧试验后的试品，在火焰退出后，观察试品上燃烧试验火焰的蔓延情况。经过 55s，如果燃烧火焰未蔓延至试品末端 55mm 基准线处，则耐燃性能合格。

5－27 防机械刺穿手套的耐低温性能是什么？

答：防机械刺穿手套按照经过耐低温试验后，在受力情况下经目测应无破损、断裂和裂缝出现，并应在不经过吸潮处理的情况下，通过绝缘试验。

5－28 防机械刺穿手套的外观及尺寸要求是什么？

答：防机械刺穿手套应具有良好的电气绝缘特性、较高的机械性能和柔软良好的服用性能，内外表面均应完好无损，无划痕、裂缝、折缝和孔洞。尺寸应符合相关标准要求。外观、厚度检查以目测为主，并用量具测定缺陷程度，尺寸长度用精度为 1mm 的钢直尺测量，厚度用精度为 0.02mm 的游标卡尺测量。

5－29 防机械刺穿手套的预防性试验要求是什么？

答：防机械刺穿手套的预防性试验为电气试验，试验项目包括交流耐压试验和直流耐压试验，试验周期为每半年一次。

5－30 防机械刺穿手套的电气试验要求是什么？

答：交流耐压试验与直流耐压试验方法与绝缘手套相同，其吃水深度应符合表 5－5 的规定，表中尺寸 D_1 适用于圆弧形袖口手套，D_2 适用于平袖口手套。交流耐压值为表 5－4 的交流验证试验电压，直流耐压值为表 5－4 的直流验证试验电压，加压时间保持 1min，以无电晕发生、无闪络、无击穿、无明显发热为合格。

表 5－5 吃水深度

型号	手套露出水面部分长度 D_1 或 D_2（mm）			
	交流验证电压试验	交流耐受电压试验	直流验证电压试验	直流耐受电压试验
00	40	40	40	50
0	40	40	40	50
1	40	65	50	100

注 吃水深度允许误差为±13mm。

5-31 耐切割手套的材质及作用是什么?

答: 耐切割手套采用高强度的纤维与其他纤维纺织而成。目前世界使用最多的是美国杜邦公司生产的 KeVlara(凯夫拉),这是芳香族聚酰胺纤维,属于芳纶纤维中的一种。用 KeVlara 纤维制作的耐切割手套比皮革制品更柔软、耐切割、耐磨损、耐热防火。耐切割手套还有采用精细的不锈钢环套接而成的网眼状手套,又称钢网眼手套,具有弯曲灵活、高强度的特点。耐切割手套主要用于金属加工、机械工厂、玻璃工业、汽车工业和钢铁板材工业等场所,防止尖硬、锋利物体(如刀刃、玻璃和金属等)刺割伤手部。

5-32 防振手套的原理及用途是什么?

答: 防振手套用于防止机械振动对手的伤害。这种手套的种类较多,但基本上是以纱手套和革制手套为基础,为了起到减振的作用,在手套掌部用合成橡胶或泡沫橡胶为材料制成各种减振装置。这种减振装置有颗粒形的小凸起物、管状物的小凸起物、注入空气的气室(用时注入、不用时放出)和注入空气的小气泡等。

防振手套多数为分指式,但也有连指式,适用于除草、木工、开山凿岩、除锈、除砂、矿山挖掘、伐木、研磨机、气锤打孔等有振动的工种,另外也适用于摩托车驾驶员。

5-33 耐酸碱手套的作用和质量要求是什么?

答: 耐酸碱手套是预防酸碱伤害手部的防护产品,其质量要求应符合 AQ 6102《耐酸(碱)手套》的规定。

(1) 手套的外观质量。手套不允许有喷霜、发脆、发黏和破损等缺陷。

(2) 手套主要部位的尺寸和公差,应符合规范要求。

(3) 手套的不泄漏性。手套必须具有气密性,在 (10±1)kPa 压力下,不准有漏气现象发生。

(4) 手套的耐渗透性能,应满足规范要求。

(5) 手套的物理机械性能要求应符合规范要求。

5-34 耐油手套的作用及要求是什么?

答: 耐油手套采用丁腈胶、氯丁二烯或聚氨酯等材料制成,用以保护手部皮肤避免受油酯类物质(矿物油、植物油以及脂肪族的各种溶剂油)的刺激引起各种皮肤疾病,如急性皮炎、痤疮、毛囊炎、皮肤干燥、龟裂、色素沉着以及指甲变化等。产品应符合 AQ 6101《橡胶耐油手套》的规定。

(1) 手套主要部位的尺寸和公差应符合规范要求。

(2) 手套的外观质量。手套不允许有表面海绵状、喷霜、发脆和发黏等缺陷。

(3) 手套的不泄漏性。手套装在试验夹具上并密封,不得有漏气现象。然后浸入水箱中，水位至手套口下沿约 3cm，向手套内充气使压力达到 10kPa，保持 20s，观察手套内有无空气泄出。无漏气现象为合格。

（4）手套的力学性能应符合规范要求。

5-35　防静电手套的材质及作用是什么？

答：防静电手套是由含导电纤维的织料制成，另一种是用长纤维弹力腈纶编织手套，然后在手掌部分贴附聚氨酯树脂，或在指尖部分贴附聚氨树脂或手套表面有聚乙烯涂层。

含导电纤维的手套使积累在手上的静电很快散失，而有聚氨酯或聚乙烯涂层的手套主要是不易产生尘埃和静电。这些产品主要用于弱电流、精密仪器的组装、产品检验、电子产业、印刷、各种研究机关的检验工作等。

5-36　防寒手套的作用及性能要求是什么？

答：防寒手套是从事室内低温作业和在寒冷地区坚持露天作业的工种，为防手部冻伤，必须佩戴的手套。

防寒手套必须具备保温性能好、热导率小和外表吸热率高等特性。保温性能的好坏与材料的热导率和厚度有关。保温材料基本选用棉花、皮毛、长毛绒、羽绒、腈纶棉等。用这些基本材料，采用各种不同的组合和缝制方法，做成各种不同的防寒手套。棉布防寒手套是用棉布或化纤混纺布做面和里，中间夹棉花、腈纶棉、羽绒缝制而成；皮手套采用布面或革面，皮毛或长毛绒做里缝制而成。式样有分指式和连指式，每种有长筒和短筒之分。

5-37　耐高温阻燃手套的作用及种类有哪些？

答：耐高温阻燃手套是用于冶炼炉或其他炉窑工种的一种保护手套。一种是用石棉为隔热层，外面衬以阻燃布制成手套；另一种是用阻燃的帆布为面料，中间衬以聚氨酯为隔热层；还有一种是手套表面喷涂金属，耐高温阻燃还能反射辐射热。手套有两指式和五指式两种，分大号、中号和小号三个规格，可供不同的人选用。

5-38　焊工手套的作用和要求是什么？

答：焊工手套是防御焊接时的高温、熔融金属和火花烧灼手的个人防护用具。焊工手套采用牛、猪绒革或二层革制成，按指型不同分为二指型（A）、三指型（B）和五指型（C）三种，它的技术性能应符合 AQ 6103《焊工防护手套》规定。

（1）原料要求。

1）原理的外观和厚度应符合规范要求。

2）力学性能。手掌和手背应柔软强韧、厚度均匀。袖筒用皮革略具弹性。

3）化学性能应符合规范要求。

4）体积电阻。从同一种类的三只成品手套上各裁取一片 80mm 直径的圆形试片，放在测试装置中［测量用电极的直径为49.5mm，电极压力为（10±1)N，施加100×(1±0.1)V的直流电压10min后读出体积电阻值，每个试片均应大于$10^5Ω$。

（2）制作工艺要求。

1）结构。焊工手套的手掌和手背的缝合处应镶有夹条皮。夹条皮应使用铬鞣牛皮或猪皮。接边皮和增强衬皮应采用与手掌和手背一样的皮革。增强衬皮的宽度为15mm以上。

2）针码。明线3～4针/cm，暗线4～5针/cm。

3）缝制。手型要正，线缝顺直平伏，针距匀称、松紧适度。如发现有断针、连续漏针或跳针时，应进行复针或拆除有缺陷的针脚重新缝纫。

4）尺寸。焊工手套的长度和宽度的最小尺寸应符合规范要求。

5）缝合线要求均匀无伤痕，单线强力大于22.54N/50cm。

5-39　不同材质防护手套的特点各是什么?

答：防护手套按不同的材质，一般有布手套、纱手套、皮手套、皮布手套、人造革手套、涂塑手套、涂胶手套、白帆布手套、钢网眼手套、乳胶手套和指套等。

（1）布手套一般采用劳动布、化纤布以及化纤混纺布缝制而成，手掌部位可用几层布缝制。有连指式和分指式两种，使用者可根据操作所需要的灵活程度进行选择。它适用于磨、刺手的工种。化纤布和化纤混纺布手套，不适用于烫手和易燃、易爆的作业环境。

（2）纱手套采用棉纺或化纤与棉混纺编织的手套，有白色和灰色等，适用于一般磨手作业和灰尘作业，以防止手的磨伤和脏污。纯棉手套除适用于一般磨手作业外，还适用于烫手作业。而化纤和化纤混纺手套不适用于烫手和易燃、易爆作业环境，但它耐磨性较好。

（3）皮手套、皮布手套和人造革手套一般采用猪（羊）皮，也有用皮和布拼制，用皮作掌面，用布作背面。这种手套在常温环境中工作时，耐磨性好。人造革手套采用人造革为原料缝制而成，一般在常温环境下，耐磨刺性比布手套好，在低温或高温环境，会变硬和变脆。

（4）涂塑手套在白布手套的手掌部分，涂上一层聚氯乙烯塑料，根据涂的形状，可分为全塑、涂条、涂点等形式。不同的工种使用不同形式的涂塑手套。涂条、涂点手套透气性好，表面摩擦力小，适用于手部操作灵活的工种，如装卸工和水手等工种，但耐磨性不如全塑手套。

（5）涂胶手套在白纱手套的掌面部分，涂上一层橡胶或乳胶。涂胶手套耐磨性强，适合严重磨手工种，但不如涂塑手套柔软，不耐油。

（6）白帆布手套除有隔热作用外，还有耐磨作用，适合不太严重磨手工种，手感不好，但透气性好，耐磨不如涂胶或涂塑手套。

5-40 防护手套的选用、维护和保管要求是什么？

答：(1) 防护手套的材料各异，品种很多，每种都有其特定的防护功能。首先应明确防护对象，了解手套防护功能和防护级别，然后再仔细选用。如需要拿取热金属板，就要知道金属板的温度，这将决定一副耐400℃高温的手套是否已满足使用要求，是否还需要选用耐更高温度的手套。对于防化手套，首先就要知道具体所防的化学物和浓度，如耐酸碱手套，有耐强酸（碱）的、有只耐低浓度酸（碱）的；耐有机溶剂和化学试剂的手套又各有不同；乳胶手套只适用于弱酸、浓度不高的硫酸、盐酸和各种盐类，不得接触强氧化酸（硝酸等）。因此不能乱用手套，以免发生意外。

(2) 防水、耐酸碱手套使用前应仔细检查，观察表面是否有破损，采取的简易办法是向手套内吹气，用手捏紧套口，观察是否漏气。若漏气则不能使用。

(3) 接触强氧化酸如硝酸、铬酸等的手套，因强氧化作用容易造成手套发脆、变色及早期损坏。高浓度的强氧化酸甚至会引起手套烧损，应注意观察。

(4) 绝缘手套应定期检验电绝缘性能，不符合规定的不能使用。

(5) 橡胶、塑料类等防护手套用后应冲洗干净、晾干，保存时避免高温，并在制品上撒上滑石粉以防粘连。

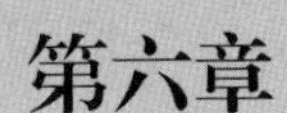

第六章

足部防护

6-1　绝缘鞋（靴）的作用是什么？

答：绝缘鞋（靴）是由特种橡胶制成的，用于人体与地面绝缘。绝缘靴是高压操作时用来与地保持绝缘的辅助安全用具，绝缘鞋用于低压系统中，两者都可作为防护跨步电压的基本安全用具。一般统称为电绝缘鞋。

6-2　电绝缘鞋与普通鞋有什么不同？

答：电绝缘鞋与普通鞋在结构设计上不同，电绝缘鞋采用绝缘橡胶材料制作围条，绝缘层形成密闭的绝缘体系来保护足部。普通鞋则不同，其鞋底与鞋垫为非绝缘材料，绝缘性能很低，容易漏电，有的泄漏电流高达30mA，远远超出安全电流。而电绝缘鞋需逐只进行电性能检验，合格后方可出厂。普通鞋则没有此项要求。

6-3　电绝缘鞋的产品分类有哪些？

答：按帮面材料分为电绝缘皮鞋类［图6-1(a)］、电绝缘布面胶鞋类［图6-1(b)］、电绝缘胶面胶鞋类［图6-1(c)］和电绝缘塑料鞋类四种。按帮面高低分为低帮电绝缘鞋、高腰电绝缘鞋、半筒电绝缘靴和高筒电绝缘靴四种。

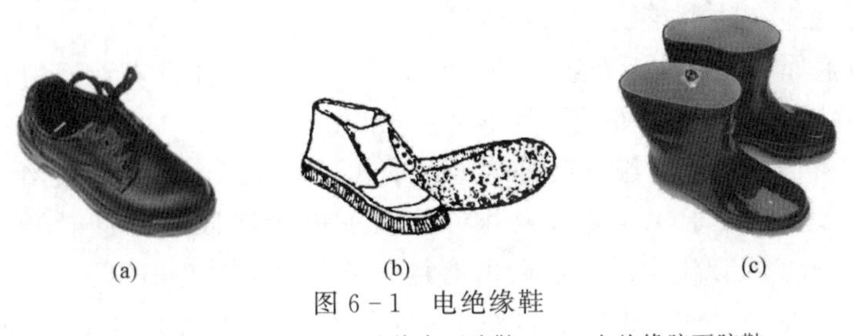

(a)　(b)　(c)

图6-1　电绝缘鞋

(a) 电绝缘皮鞋；(b) 电绝缘布面胶鞋；(c) 电绝缘胶面胶鞋

6-4　电绝缘鞋的一般要求是什么？

答：（1）结构。鞋底和跟部不应有金属勾心等部件。具有保护足趾功能防砸型的电绝缘鞋，其内包头应用绝缘材料制成，若是金属内包头必须进行绝缘处理，确保绝缘性能符合要求。在制作时，内包头应在鞋的前端位于帮面和衬里之间且固定不能活动和取出。帮底连接不应采用上下穿通线缝，可以侧缝（边缝）。

（2）鞋号。鞋号设置应符合 GB/T 43293—2022《鞋号》的规定。

（3）鞋帮。

1）鞋帮尺寸 h 应满足表 6 - 1 的最低要求。

表 6 - 1　鞋帮高度尺寸 h（mm）

鞋号	低帮	高腰	半筒	高筒
230 及以下	＜100	＞100	≥160	≥250
235～240	＜103	＞103	≥165	≥255
245～250	＜106	＞106	≥170	≥265
255～260	＜109	＞109	≥175	≥275
265～270	＜113	＞113	≥180	≥285
275～280	＜117	＞117	≥185	≥295

2）鞋面厚应满足：皮革不小于 1.2mm；橡胶不小于 1.5mm；塑料不小于 1.0mm；帆布不小于 0.8mm。

3）革类撕裂强度不应小于 60N/mm^2。

4）织物断裂强力：经向不小于 980N，纬向不小于 490N。

5）拉伸特性应满足：革类抗张强度不小于 15N/mm^2；橡胶拉伸强度不小于 13MPa，扯断伸长率不小于 450%；塑料扯断伸长率不小于 250%。

6）鞋帮与围条黏附强度不应小于 2.0kN/m。

7）鞋帮与织物黏附强度不应小于 0.6kN/m。

（4）外底。

1）外底应有防滑花纹。

2）外底厚度。有防滑花纹的外底厚不小于 4mm（不含花纹）。当花纹无法测量时，除腰窝外任何一处的厚度不小于 6mm。

3）耐磨性能。电绝缘皮鞋外底磨痕长度不应大于 10mm；电绝缘布面胶鞋的磨耗减量不大于 1.4cm^3；15kV 及以下电绝缘胶靴的磨耗减量不大于 1.0cm^3；20kV 及以上电绝缘胶靴的磨耗减量不大于 1.9cm^3。

4）耐折性能。对于非皮革的外底要求连续屈绕 40 000 次，有预割口 5～12mm 或无预割口，50 000 次不断裂。

（5）成鞋。

1）外观要求。各种工艺制造的电绝缘皮鞋的外观质量应分别符合 QB/T 1002《皮鞋》的要求。电绝缘布面胶鞋应符合 HG/T 2495《劳动鞋》的要求。

2）渗水性。电绝缘胶靴和聚合材料靴，当将靴口封紧，注入空气压力达到（10±1）kPa 时浸入水中，外水位距靴上沿 75mm，观察水中是否有气泡出现，无气泡则说明渗水性符合要求。

3）剥离强度。电绝缘皮鞋的剥离强度应不小于70N/cm。

6－5　电绝缘鞋的电性能要求是什么？

答：（1）电绝缘皮鞋和电绝缘布面胶鞋，当泄漏电流为0.3mA/kV时，应满足表6－2的要求。

表6－2　　电绝缘皮鞋和电绝缘布面胶鞋的电性能要求

项目名称	出厂检验			预防性试验		
	皮鞋	布面胶鞋		皮鞋	布面胶鞋	
耐压等级（kV）	6	5	15	6	5	15
试验电压（工频，kV）	6	5	15	5	3.5	12
泄漏电流（不大于，mA）	1.8	1.5	4.5	1.5	1.1	3.6
试验时间（min）	1					

（2）电绝缘胶靴和电绝缘聚合材料靴，当泄漏电流为0.4mA/kV时，应满足表6－3的要求。

表6－3　　电绝缘胶靴和电绝缘聚合材料靴的电性能要求

项目名称	出厂检验					预防性试验				
耐压等级（kV）	6	10	15	20	30	6	10	15	20	30
试验电压（工频，kV）	6	10	15	20	30	4.5	8	12	15	25
泄漏电流（不大于，mA）	2.4	4	6	8	10	1.8	3.2	4.8	6.0	10.0
试验时间（min）	1									

6－6　电绝缘鞋外观检验的要求是什么？

答：鞋面或鞋底有标准号、绝缘标志、安监证和耐电压数值。电绝缘鞋宜用平跟，外底应有防滑花纹，鞋底（跟）磨损不超过1/2。电绝缘鞋应无破损，鞋底防滑齿磨平、外底磨透露出绝缘层者为不合格。

6－7　电绝缘鞋的预防性试验要求是什么？

答：电绝缘鞋的预防性试验为工频耐压和交流泄漏电流试验。

电绝缘胶面胶靴的试验周期为6个月；新购置的电绝缘皮鞋和电绝缘布面胶鞋应进行预防性试验，穿用一年后报废。

6－8　电绝缘鞋的工频耐压和交流泄漏电流试验方法是什么？

答：将一个与试样鞋号一致、厚度不大于1mm的薄金属片为内电极放入鞋内，金属片上铺满直径不大于4mm的金属球，其高度不小于15mm，外接导线焊一片厚度大于4mm的铜片，并埋入金属球内。外电极为置于金属器皿内的浸水海绵。在试验电绝缘皮鞋和电绝缘布面胶鞋时，含水海绵不得浸湿鞋帮。

试验电路见图6－2。试验时电压应从较低值开始上升，并以大约1000V/s的速度逐渐升压至试验电压值的75%，此后以每秒2%的升压速度至规定试验值或电绝缘鞋发生闪络或击穿。试验时间从达到规定的试验电压值开始计时，电压持续时间为1min。到达规定时间后测量并记录泄漏电流值，然后迅速降压至零值。

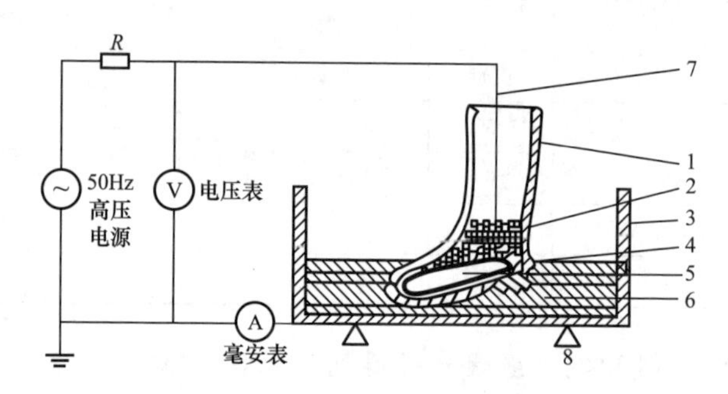

图6－2 电绝缘鞋试验电路图

1—被试靴；2—金属球；3—金属盘；4—金属片；5—海绵鞋垫；6—海绵和水；7—金属导线；8—绝缘支架

如试验无闪络、无击穿、无明显发热，并符合表6－2和表6－3的规定时，则试验通过。

6－9 电绝缘鞋内电极由金属球代替水对试验结果有什么影响？

答：新国标用金属球代替水作为试验的内电极是跟国际标准接轨，原先的国标试验方法电绝缘鞋用水作为内电极，由于水浸试验降低了电绝缘鞋的绝缘性能，比国际标准苛刻，试验方法不够合理。所以，在对电绝缘鞋进行工频耐压和交流泄漏电流试验时，不用水做内电极。

6－10 带电作业绝缘鞋（靴）的产品分类有哪些？

答：按系统电压分类，分为0.4kV（工频）以下绝缘鞋（布面、皮面和胶面）和3～10kV（工频）绝缘鞋（靴）。

6－11 0.4kV（工频）以下带电作业绝缘鞋的电气绝缘性能是什么？

答：电气绝缘性能见表6－4。

表6－4 0.4kV（工频）以下带电作业绝缘鞋电气绝缘性能

序号	项　目	出厂试验	预防性试验
1	工频电压（kV）	6.0	3.5
2	泄漏电流不大于（mA）	2.50	1.45
3	持续时间（min）	2.0	1.0
4	检验周期	—	半年一次

6-12　0.4kV（工频）以下带电作业绝缘鞋的物理机械性能是什么？

答：物理机械性能见表6-5。

表6-5　0.4kV（工频）以下带电作业绝缘鞋物理机械性能

序号	测试部位	项　　目	指标
1	外底	扯断强度（MPa）	≥9.0
2	外底	扯断伸长率（%）	≥370
3	外底	磨耗（cm^3/1.61km）	≤1.6（浅色底） ≤1（黑色底）
		磨耗（mm/20min）	≤10（皮鞋）
4	外底	硬度（邵氏A）	50～70
5	围条与鞋面[①]	黏附强度（kN/m）	≥2.2
6	围条与鞋面[②]	黏附强度（N/cm）	≥19.6（单面） ≥15.7（防寒）
7	鞋帮与外底[③]	剥离强度（N/cm）	≥59
8	外底[③]	耐折性能试验裂口长（mm/4万次）	≤12

① 仅指胶面绝缘鞋。
② 仅指布面绝缘鞋。
③ 仅指皮面绝缘鞋。

6-13　3～10kV（工频）带电作业绝缘鞋（靴）的电气绝缘性能是什么？

答：电气绝缘性能见表6-6。

表6-6　3～10kV（工频）带电作业绝缘鞋（靴）电气绝缘性能

序号	项目	出厂检验	预防性试验
1	工频电压（kV）	20	15
2	泄漏电流（mA）	≥10	≥7.5
3	持续时间（min）	2.0	1.0
4	检验周期	—	半年一次

6-14　3～10kV（工频）带电作业绝缘鞋（靴）的物理机械性能是什么？

答：物理机械性能见表6-7。

表6-7　3～10kV（工频）带电作业绝缘鞋（靴）物理机械性能

序号	测试部位	项目	指标
1	靴面	扯断强度（MPa）	≥13.72
	靴底		≥11.76

续表

序号	测试部位	项目	指标
2	靴面	扯断伸长率（%）	≥450
	靴底		≥360
3	靴面	硬度（邵氏 A）	55～65
	靴底		55～70
4	靴底	磨耗（cm^3/1.61km）	≤1.9
5	围条与靴面	黏附强度（N/cm）	≥6.36

6-15　带电作业绝缘鞋（靴）的预防性试验要求和方法是什么？

答：带电作业绝缘鞋（靴）的预防性试验只做交流耐压试验。带电作业绝缘鞋（靴）只能在规定电压范围内作为辅助安全用具使用，为确保使用安全，预防性试验周期不应超过6个月。

带电作业绝缘鞋（靴）交流耐压试验接线如图6-3所示，要求见表6-4和表6-6。以无电晕发生、无闪络、无击穿、无明显发热为合格。

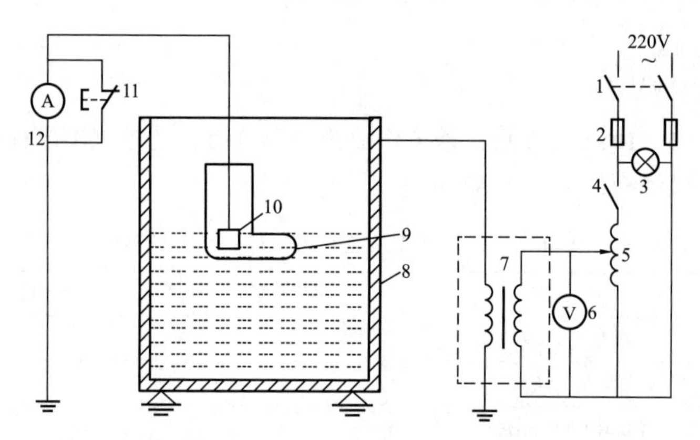

图6-3　带电作业绝缘鞋（靴）交流耐压试验接线图

1—刀闸开关；2—可断熔丝；3—电源指示灯；4—过负荷开关（也可用过流继电器）；5—调压器；6—电压表；7—变压器；8—盛水金属器皿；9—试样；10—电极；11—毫安表短路开关；12—毫安表

6-16　电绝缘鞋的标志要求是什么？

答：（1）在每双鞋的内帮或鞋底上应有标准号GB 21148—2020，电绝缘字样（或英文EH）、闪电标记和耐电压数值。

（2）制造厂名、鞋号、产品或商标名称、生产年月日及电绝缘性能出厂检验合格印章。

6－17 电绝缘鞋的包装要求是什么？

答：包装要求：

（1）每双鞋应用纸袋、塑料袋或纸盒包装。在袋盒上应有下列内容：产品名（如6kV牛革面绝缘皮鞋、5kV绝缘布面胶鞋、20kV绝缘胶靴等）、标准号（GB 21148—2020）、制造厂名称、鞋号、商标、使用须知等。

（2）大包装应用纸板箱，封口应牢固，箱体应捆紧，箱面上应有下列内容：标准号、制造厂名称及地址、邮编、产品名称、产品规格、数量、商标、生产年月、箱号、尺寸与体积（或重量）。

6－18 电绝缘鞋的运输要求是什么？

答：在运输过程中必须有遮盖物以防雨淋，不得与酸碱类或其他腐蚀性物品放在一起。

6－19 电绝缘鞋的储存要求是什么？

答：电绝缘鞋的储存要求：

（1）储存场所。应放在干燥通风的仓库中，防止霉变。堆放离开地面和墙壁20cm以上，离开一切发热体1m以外。避免受油、酸碱类或其他腐蚀品的影响。

（2）储存。期限一般为24个月（自生产日期起计算），超过24个月的产品须逐只进行电性能预防性试验，只有符合标准规定的鞋，方可以电绝缘鞋销售或使用。

6－20 电绝缘鞋的使用和保管要求是什么？

答：电绝缘鞋的使用和保管应遵照下列规定：

（1）检查标志和包装。电绝缘鞋应根据使用电压的高低、不同防护条件来选择。各种电气设备有高低压之分，耐电压15kV以下的电绝缘皮鞋和电绝缘布面胶鞋适用于工频电压1kV以下的作业环境；耐电压15kV及以上的电绝缘胶靴和聚合材料靴适用于工频电压1kV及以上的作业环境。在使用时，必须严格遵守Q/GDW 1799.1—2013、Q/GDW 1799.2—2014的有关规定，不得越级使用，以免造成击穿而触电。

（2）电绝缘胶靴在每次使用前必须进行外观检查，检查是否超过有效试验期，表面有无损伤、裂纹、磨损、破漏或划痕等缺陷，帮底是否完好。如果发现有任何超过规定的缺陷，应禁止使用并及时更换。

（3）电绝缘胶靴应统一编号，使用现场最少应保证两双；使用电绝缘胶靴时，应将裤管套入靴筒内；不得将电绝缘胶靴当作雨鞋或挪作他用，其他非绝缘靴也不能代替电绝缘胶靴使用。

（4）穿用电绝缘皮鞋和电绝缘布面胶鞋时，其工作环境应能保持鞋面干燥。在各类高压电气设备上工作时，使用电绝缘鞋，可配合基本安全用具（如绝缘棒、绝缘夹钳）触及带电部分，并可用于防护跨步电压所引起的电击伤害。在潮湿、有蒸汽、冷凝液体、导电灰尘或导电地面等容易发生危险的场所，尤其应注意配备合适的电绝缘鞋，应按标准规定的使用范围正确使用，不得随意乱用。

（5）穿用任何电绝缘鞋均应避免接触锐器、高温、腐蚀性和酸碱油类物质，防止鞋受到损伤而影响电绝缘性能。

（6）预防性试验是为确保使用安全而定的，是对电绝缘胶靴的电气绝缘性能所进行的定期试验，若结果不符合规定指标，则不能继续作为电绝缘鞋使用。如有尘埃或污渍等其他污物，应清洗干净并完全干燥以后方可使用；用毕应清洗干净和晾干后，妥善保管。

（7）电绝缘胶靴不允许放在过冷、过热、阳光直射和有酸、碱、油品、化学药品的地方，以防胶质老化，降低绝缘性能。应存放在干燥、阴凉的专用柜内或支架上，与其他工具分开放置，其上不得堆压任何物件。

6－21　穿电绝缘鞋后，在工作时还应注意什么问题？

答：电工作业时，按规定应穿电绝缘鞋进行绝缘防护，但有时劳动强度大或天气温度高，肢体部分不慎碰到墙壁或接地设备，遇到漏电时同样会造成电击伤，所以尽管穿了电绝缘鞋，在工作时必须防止肢体的其他部分接地。同样，在阴雨天气尽管穿了电绝缘鞋或者带了绝缘手套，但必须配备必要的雨具，防止绝缘防护用品因潮湿导电造成肢体电击伤。

6－22　《安规》对电绝缘鞋的使用要求有哪些？

答：DL 5009.1—2014《电力建设安全工作规程　第1部分：火力发电》中有关规定：

4.5.4的27中3）作业人员应站在干燥的绝缘物上，使用有绝缘柄的工具，穿绝缘鞋和全棉长袖工作服，戴手套和护目眼镜。

4.10.4中4作业人员应穿棉质工作服和绝缘鞋，并站在干燥绝缘物上。

4.13.3的7中6）气焊、气割操作人员应戴防护眼镜。使用移动式半自动气割机或固定式气割机时操作人员应穿绝缘鞋，并采取防止触电的措施。

4.14.1中4检查蓄电池时，人员应穿戴防酸碱护目镜、绝缘鞋、手套口罩和工作服。裤脚不得放入绝缘鞋内。

5.6.5的2中3）张拉时，操作人员必须戴绝缘手套，穿绝缘鞋，并应有可靠的防烫伤措施。张拉作业应由专人指挥，电源开关应由专人操作。

6.3.2的14中2）了解盘内带电系统的情况。穿戴好工作服、工作帽、绝缘鞋和绝缘手套并站在绝缘垫上。

6.4.7中1作业人员应穿绝缘鞋、戴绝缘手套。

Q/GDW 1799.1—2013《国家电网公司电力安全工作规程　变电部分》中

有关规定：

4.3.4 进入作业现场应正确佩戴安全帽，现场作业人员应穿全棉长袖工作服、绝缘鞋。

5.2.2 雷雨天气，需要巡视室外高压设备时，应穿绝缘靴，并不准靠近避雷器和避雷针。

5.2.4 高压设备发生接地时，室内人员应距离故障点 4m 以外，室外人员应距离故障点 8m 以外。进入上述范围人员应穿绝缘靴，接触设备的外壳和构架时，应戴绝缘手套。

5.3.6.9 用绝缘棒拉合隔离开关（刀闸）、高压熔断器或经传动机构拉合断路器（开关）和隔离开关（刀闸），均应戴绝缘 手套。雨天操作室外高压设备时，绝缘棒应有防雨罩，还应穿绝缘靴。接地网电阻不符合要求的，晴天也应穿绝缘靴。雷电时，禁止就地倒闸操作。

9.6.1 带电水冲洗一般应在良好天气时进行。风力大于 4 级，气温低于 −3℃，或雨、雪、雾、雷电及沙尘暴天气时不宜进行。冲洗时，操作人员应戴绝缘手套、穿绝缘靴。

9.12.1 进行直接接触 20kV 及以下电压等级带电设备的作业时，应穿着合格的绝缘防护用具（绝缘服或绝缘披肩、绝缘手套、绝缘鞋）；使用的安全带、安全帽应有良好的绝缘性能，必要时戴护目镜。使用前应对绝缘防护用具进行外观检查。作业过程中禁止摘下绝缘防护用具。

10.4 转动着的发电机、同期调相机，即使未加励磁，亦应认为有电压。禁止在转动着的发电机、同期调相机的回路上工作，或用手触摸高压绕组。必须不停机进行紧急修理时，应先将励磁回路切断，投入自动灭磁装置，然后将定子引出线与中性点短路接地，在拆装短路接地线时，应戴绝缘手套，穿绝缘靴或站在绝缘垫上，并戴防护眼镜。

10.8 禁止在转动着的高压电动机及其附属装置回路上进行工作。必须在转动着的电动机转子电阻回路上进行工作时，应先提起碳刷或将电阻完全切除。工作时要戴绝缘手套或使用有绝缘把手的工具，穿绝缘靴或站在绝缘垫上。

6－23　什么叫防静电鞋？什么叫导电鞋？

答：防静电鞋是既能消除人体静电积聚又能防止 250V 以下电源电击的防护鞋。导电鞋是具有良好的导电性能，可在短时间内消除人体静电积聚，只能用于没有电击危险场所的防护鞋，这是与防静电鞋的重要区别。防静电鞋和导电鞋的各种产品应符合 GB 21148—2020《个体防护装备　职业鞋》的规定。

6－24　防静电鞋和导电鞋的电性能要求是什么？

答：防静电鞋和导电鞋的电性能要求如下：

（1）防静电鞋按照 GB/T 20991—2007《个体防护装备　鞋的测试方法》测量时，在干燥和潮湿环境中调节后，电阻值应大于或等于 100kΩ 和小于或等于 1000MΩ。

（2）导电鞋按照 GB/T 20991—2007 测量时，在干燥环境中调节后，电阻值应小于 100kΩ。

6－25　每双防静电鞋说明书应提供的内容是什么？

答：每双防静电鞋应提供有下列文件的说明书。

如果必须通过消散静电荷来使静电积累减至最小，从而避免诸如易燃物质和蒸气的火花引燃危险，同时，如果来自任何电器或带电部件的电击危险尚未完全消除，则必须使用防静电鞋。然而，要注意由于防静电鞋仅仅是在脚和地面之间加入一个电阻，不能保证对电击有足够的防护。

经验表明，对于防静电用途，在鞋的整个使用期限内的任何时间，通过产品的放电路径通常应有小于 1000MΩ 的电阻。在电压达到 250V 操作时，万一出现任何电器故障，为确保对电击或引燃危险提供一些有限的保护，新鞋的电阻最低限值规定为 100kΩ。然而在某些情况下，使用者应知道鞋可能提供不充分的保护且应始终采取附加措施以保护穿着者。

这类鞋的电阻会由于屈扰、污染或潮湿而发生显著变化。如果在潮湿条件下穿用，鞋将不能实现其预定的功能。因而，必须确保产品在整个使用期限内能实现其消散静电荷的设计功能并同时提供一些保护。建议使用者建立一个内部电阻测试并定期经常地使用它。

如果在鞋底材料被污染的场所穿用鞋，穿着者每次进入危险区域前应经常检查鞋的电阻值。

在使用防静电鞋的场所，地面电阻不应使鞋提供的防护无效。

在使用中，除了一般的袜子，鞋内底与穿着者的脚之间不得有绝缘部件。如果内底和脚之间有鞋垫，则应检查鞋/鞋垫组合体的电阻值。

6－26　每双导电鞋说明书应提供的内容是什么？

答：每双导电鞋应提供有下列文字的说明书：

如果必须在尽可能的最短时间内将静电荷减至最小，例如处理炸药，则必须使用导电鞋。如果来自任何电器或带电部件的电击危险已经完全消除，则不必使用导电鞋。为确保鞋是导电的，规定鞋在全新状态下的电阻值小于 100kΩ。

在使用期间，由于屈扰和污染，导电材料制成鞋的电阻值可能会发生显著变化，则应确保导电鞋在整个使用期限内消散静电荷的功能。因此，在需要的场所，建议使用者建立一个内部电阻测试并定期使用它。

如果鞋在鞋底材料可能被增加鞋电阻的物质所污染的场所穿用，穿着者每次进入危险区域前必须经常检查所穿鞋的电阻值。

在使用导电鞋的场所，地面电阻不应使鞋提供的防护失效。

在使用中，除了一般的袜子，鞋内底与穿着者的脚之间不得有绝缘部件。如果内底和脚之间有鞋垫，则应检查鞋/鞋垫组合体的电阻值。

6-27　防静电鞋和导电鞋的使用和注意事项是什么？

答：防静电鞋和导电鞋的使用和注意事项如下：

（1）防静电鞋和导电鞋都有消除人体静电积聚的作用，可用于易燃、易爆作业场所。防静电鞋不仅用于防止人体静电，而且可以防止人不慎触及250V以下电源设备的电击所带来的危险。导电鞋不仅可在尽可能短的时间内消除人体静电，而且使人体所带有的静电电压降至最低点，但仅能用于工作人员不会遇到电击的场所。

（2）防静电鞋要与防静电服同时穿用才能更有效地消除静电。穿用防静电服后人体的静电通过防静电鞋或导电鞋向地面导走，使人体静电迅速降低。

（3）防静电鞋和导电鞋在穿用时，不应同时穿绝缘的毛料厚袜及绝缘鞋垫。穿用一定时间后，应按GB 21148—2020《个体防护装备　职业鞋》要求做电阻值检测。测试结果电阻超过标准的，不能用于防静电作业。

（4）穿用防静电鞋或导电鞋时，工作地面必须有导电性，才能接地导走静电。不能用绝缘橡胶板铺地，同时，最好穿用导电袜或其他较薄的袜子，以便使人体电荷接触鞋底。前者电阻率在100MΩ以下，如没有上述措施，则地面应潮湿，随时洒水，保持导电湿度。认清防静电鞋和导电鞋的特殊标志，千万不能作绝缘鞋使用，以免发生危险。

（5）防静电鞋、导电鞋是属于特殊用途的专用鞋，是用于解决由于人体静电而引起事故的场所，穿用此类型鞋时，对消除人体静电可起良好的作用。在穿用过程中，一般不超过200h应进行鞋电阻值测试一次，如果电阻不在规定的范围内，则不能作为防静电鞋或导电鞋继续使用。对由于其他因素产生的静电，如设备带有静电而引起的危害，不属于防静电鞋、导电鞋的防护内容。

（6）防静电鞋和导电鞋应经常保持清洁，保证防静电或导电性能不被减弱。如其表面污染尘土、附着油蜡、粘贴绝缘物或因老化形成绝缘层后，会对电阻有很大的影响。所以，在使用后应及时刷洗。刷洗时要用软毛刷、软布蘸酒精或不含酸、碱的中性洗涤剂，避免机械或化学性损伤。

6-28　特殊作业防护鞋安全标志及性能要求是什么？

答：为防止脚趾和脚面受冲击和挤压损伤、鞋底刺穿以及电力危险，防护鞋应贴合、支撑好、缓冲减振、绝缘、防水及防化，有利于减少作业者作业时由于潮湿、污染而引起的疲劳、压力等不适症状。特殊作业防护鞋安全标志及性能要求见表6-8。

表 6-8　　特殊作业防护鞋安全标志及性能要求

序号	名称	标志	性能要求
1	钢包头防护		钢包头应舒适，防护性能好，保护脚趾免受冲击和挤压损伤
2	跖骨防护		内置脚面罩弧形浮点式提供跖骨保护
3	钢底板防护		内置柔韧的不锈钢底板应符合防刺穿的要求
4	绝缘防护		绝缘防护鞋应适合于易发生电力危险的作业，符合电力危险防护的要求
5	抽取式舒适鞋垫		合理的软垫结构和弧度，不仅保证全天穿着舒适，更能帮助脚部和腿部缓解疲劳，避免压力和肌肉疼痛
6	保暖防护		特殊材料使脚部温度在极冷或者极热环境中都保持接近人体温度，有适宜的温度范围保证正常活动的舒适性

6-29　防护靴应具备的特点是什么？

答：防护靴应具备以下主要特点：

（1）防滑，靴底的防滑纹路应能提供合适的摩擦力和稳定性。

（2）质轻，舒适，柔韧性好；耐用，耐磨损，强度高。

（3）防护性能好，抗油脂、化学污染以及液体等多种有机和无机化学物质性能好。

（4）防水；阻燃；透气性好，减少潮湿和水蒸气凝结，便于穿脱。

6-30　防刺穿鞋的作用及要求是什么？

答：防刺穿鞋是在鞋的内底与外底中间放入一块能防御锐利物品刺穿的钢底板，保护足底部不受伤害。防刺穿鞋是国家实行强制性生产许可证的产品。生产、选用及一般性能如鞋的耐折、耐磨、剥离、防刺穿强度等物理机械性能应符合相关鞋的规定。

6-31　防刺穿鞋的分类有哪些？

答：防刺穿鞋按防刺穿性能分为三级（特级、Ⅰ级和Ⅱ级）。Ⅰ级产品用于较恶劣的工作环境，如易被铁钉刺伤的场合；Ⅱ级产品适用于有玻璃、铁屑、竹片等尖锐物的场所或体轻、负重较小者（如妇女等）使用。

由人体工程学可知，我国成人（平均身高）的平均体重为60.3kg，而人的最佳负重为人体重量的35%。由此得到人体重量加上最佳负重的总质量约为

81.4kg，取整数为780N。由于考虑特殊作业的需要，如搬运装卸工，常常负荷可达到50kg，甚至超过50kg，因此标准规定了特级抗刺穿力为1100N。另外，还规定了Ⅰ级抗刺穿力为780N、Ⅱ级抗刺穿力为490N，以适用于一些非铁钉刺伤的工作场合。选用时要根据具体的环境特点确定相应的性能级别。

6-32　防刺穿鞋的试验要求是什么?

答：防刺穿鞋做试验时，用硬度为HRC52、ϕ4.50mm±0.05mm、尖端ϕ1.00mm+0.02m、长60～70mm的钢钉，以25mm/min的速度穿刺鞋底（取足大拇指部、足外侧部、中心部和跟部四点），直到穿透内底，记录穿透时的力，以4点中最小值为判断鞋的抗刺穿性能。

6-33　什么是耐酸碱鞋（靴）？其分类及要求是什么？

答：耐酸碱鞋（靴）是采用防水革、塑料、橡胶等为鞋的材料，配以耐酸碱鞋底经模压、硫化或注压成型，具有防酸碱性能，适合脚部接触酸碱或酸碱溶液溅泼在足部时保护足部不受伤害的防护鞋。根据材料的性质，耐酸碱鞋（靴）可分为耐酸碱皮鞋、耐酸碱塑料模压靴和耐酸碱胶靴等三类。在有关酸、碱、化学药品等作业中选用时，皮鞋按GB 20265—2019《足部防护　防化学品鞋》的技术要求执行。

6-34　耐酸碱鞋（靴）的使用和保管要求是什么?

答：耐酸碱鞋（靴）的使用和保管要求如下：

（1）耐酸碱皮鞋只能使用于一般浓度较低的酸碱作业场所，不能浸泡在酸碱液中进行较长时间作业，以防酸碱溶液渗入皮鞋内腐蚀脚造成伤害。

（2）耐酸碱塑料模压靴和胶靴使用和保管时应避免接触油类，否则易脏且易破裂；避免与有机溶剂接触；避免与锐利物接触，以免割刺破裂损伤靴面或靴底引起渗漏，影响防护功能。

（3）耐酸碱塑料模压靴和胶靴穿用后，应立即用水冲洗，并存在阴凉处，不可烘烤和在日光下暴晒，以免加速老化变质。耐酸碱鞋（靴）存放时，应撒些滑石粉，以防粘连。

6-35　耐油防护鞋（靴）的作用及要求是什么?

答：在电力作业中，很多工种经常接触油类。油类物质不仅玷污身体，长期接触石油及其裂解物，可由皮肤渗入而引起各种皮肤病，一般病程较长，不易治愈。因此，应采用耐油防护鞋。

耐油防护鞋一般用丁腈橡胶、聚氯乙烯塑料作外底；用皮革、帆布和丁腈橡胶作鞋帮。选用时按GB 21148—2020的技术要求执行。

6-36　耐油防护鞋（靴）的保养要求是什么?

答：耐油防护鞋（靴）使用后应及时用肥皂水将表面洗抹干净，切勿用开水或碱水浸泡，或用硬刷子使劲擦洗。洗净后放在通风处晾干，然后撒少许滑石粉保存，切忌在高温处烧烤，以免损坏。

6-37　高温防护鞋的作用是什么？

答：高温防护鞋是供高温作业场所人员穿用，以保护双脚在受到热辐射、熔融金属、火花以及接触灼热的物体（如焊接钢板、在未冷的热轧钢板上检验、在焦炉炉顶上操作等场所一般温度不超过300℃）时，保护双脚不受伤害的一种特种防护鞋。

6-38　高温防护鞋的防护原理及要求是什么？

答：高温防护鞋系采用耐高温的鞋面料如牛或猪浸油革，结构上要求中底为隔热材料，外底为耐高温材料制成，工艺上需用模压方法制成鞋。因此，这种鞋既耐高温，又隔热，可以保护足部不受高温和灼热的物体伤害。高温防护鞋产品的质量应符合LD 32《高温防护鞋》的规定。

6-39　高温防护鞋的使用要求是什么？

答：高温防护鞋使用中应尽量减少接触水和火等；防止接触高于80℃的高温物体；遇湿后，不应火烤，以免发脆发硬。

第七章

身 体 防 护

7－1　绝缘服（披肩）的作用和种类有哪些?

答：绝缘服（披肩）在配电线路带电作业中，起辅助绝缘作用，作为人身安全的后备保护用具。绝缘服如图 7－1(a) 所示，绝缘披肩如图 7－1(b) 所示。绝缘服（披肩）应具有较高的击穿电压、一定的机械强度，且耐磨、耐撕裂。

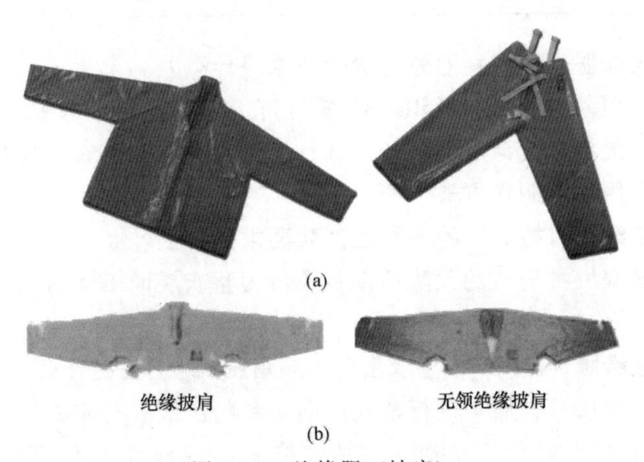

图 7－1　绝缘服（披肩）

(a) 绝缘服；(b) 绝缘披肩

绝缘服（披肩）按材质可划分为橡胶制品、树脂 E. V. A 制品和塑料制品等。绝缘服（披肩）有 0、1、2 三个级别，0 级适用于 0.4kV 额定电压，1 级适用于 3kV 额定电压，2 级适用于 10kV 额定电压。

7－2　绝缘服（披肩）的技术要求是什么?

答：绝缘服（披肩）的技术要求：

(1) 外表层材料应具有憎水性强、防潮性能好、沿面闪络电压高、泄漏电流小的特点，还应具有一定的机械强度、耐磨、耐撕裂性能。内衬材料应具有高绝缘强度，能起到主绝缘的作用，且憎水、柔软性好，层向击穿电压高。此外内衬材料还应柔软，服用性能好。

(2) 绝缘服（披肩）整衣的电气性能应符合表 7－1 的规定。

表 7-1　　绝缘服（披肩）的电气性能

绝缘服（披肩）级别	额定电压（V）	1min 交流耐受电压（有效值）
0	380	5000
1	3000	10 000
2	10 000	20 000

（3）绝缘服（披肩）整衣的机械性能。内、外层衣料的断裂强度及断裂伸长率应满足表 7-2 的要求。

表 7-2　　内、外层衣料的断裂强度及断裂伸长率

项目	断裂强度（N）		断裂伸长率（%）	
	经向	纬向	经向	纬向
要求	343	294	10	10

7-3　绝缘服（披肩）的外观检验要求是什么？

答：绝缘服（披肩）的标识应清晰可辨。整套绝缘服包括上衣（披肩）、裤子均应完好无损，无深度划痕和裂缝、无明显孔洞。整衣应具有足够的弹性且平坦，并采用无缝制作方式。

7-4　绝缘服（披肩）的预防性试验要求是什么？

答：绝缘服（披肩）的预防性试验项目为整衣层向工频耐压试验，试验周期为 6 个月。

7-5　绝缘服（披肩）的整衣层向工频耐压试验方法是什么？

答：对绝缘服（披肩）进行整衣层向工频耐压试验时应注意：试验应覆盖绝缘上衣的前胸、后背、左袖、右袖，披肩的双肩和左右袖及绝缘裤的左右腿。

进行绝缘服（披肩）的层向工频耐压试验电极布置图如图 7-2 所示，电极由海绵或其他吸水材料（如棉布）制成的湿电极组成（水的电阻率为 1000Ω·cm），电极厚度为（4±1）mm，电极边角应倒角，见图 7-2(d)。内外电极形状与绝缘服内外形状相符。电极设计及加工应使电极之间的电场均匀且无电晕发生。电极边缘距绝缘服边缘的间距 D 为（65±5）mm。将绝缘服平整布置于内外电极之间，不应强行拽拉，并用干燥的棉布擦干电极周围绝缘服上的水迹。为防止沿绝缘服边缘发生沿面闪络，应注意高压引线距绝缘服边缘的距离或采用套管引入高压的方式。

试验电压应从较低值开始上升，并以大约 1000V/s 的速度逐渐升压，直至表 7-1 所示交流耐受电压。试验时间从达到规定的试验电压值开始计时，电压持续时间为 1min。

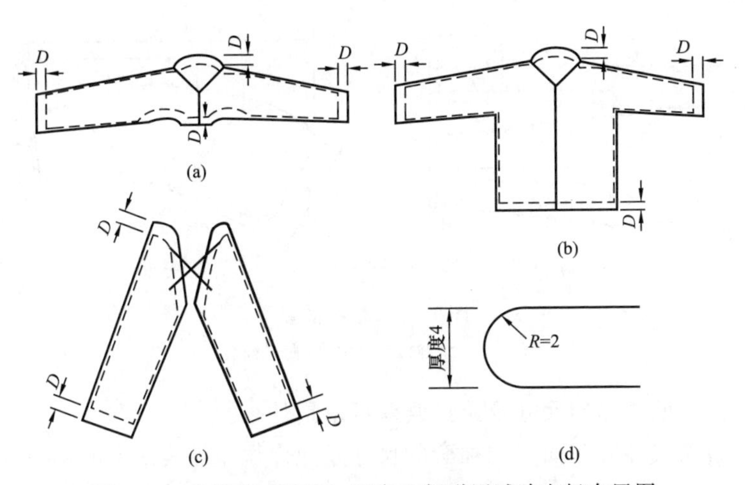

图 7－2　绝缘服（披肩）层向工频耐压试验电极布置图

（a）绝缘披肩内电极布置示意图；（b）绝缘上衣内电极布置示意图；

（c）绝缘裤内电极布置示意图；（d）内电极边缘倒角示意图

如试验无电晕发生、无闪络、无击穿、无明显发热，则试验通过。

7－6　绝缘袖套的材质及作用是什么？

答：绝缘袖套由橡胶或其他绝缘材料制成，是保护带电作业人员接触带电导体和电气设备时免遭电击的一种安全防护用具。

7－7　绝缘袖套的分类有哪些？

答：绝缘袖套的分类如下：

（1）绝缘袖套按电气性能分为 0、1、2 三级，适用于不同系统标称电压的袖套分级见表 7－3。

表 7－3　　绝缘袖套的系统标称电压

级　别	0	1	2
交流有效值（V）	380	3000	10 000

注　在三相系统中是指线电压。

（2）具有特殊性能的绝缘袖套按性能分为 5 种类型，分别为 A、Z、C、H、S 型，见表 7－4。

表 7－4　　特殊性能的袖套分类

型　号	A	Z	C	H	S
特殊性能	耐酸	耐臭氧	耐低温	耐油	耐油和臭氧

（3）绝缘袖套按外形分为两种式样：直筒式和曲肘式，见图 7－3。

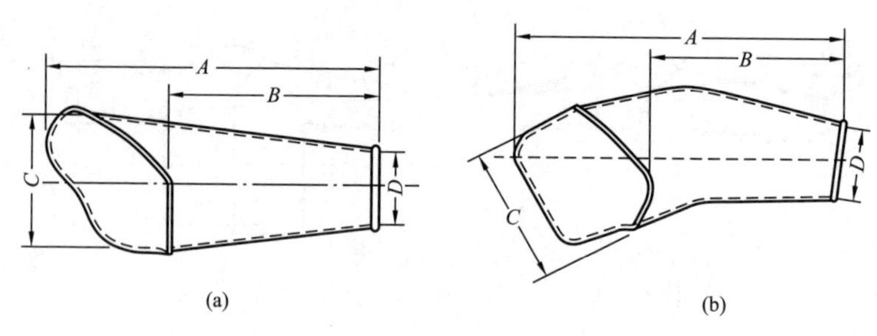

图 7-3 绝缘袖套
(a) 直筒式袖套；(b) 曲肘式袖套

7-8 绝缘袖套的尺寸及允许误差要求是什么？

答：直筒式袖套和曲肘式袖套的尺寸及允许误差见表 7-5。

表 7-5 袖套的尺寸及允许误差（mm）

式样	型号	标识	尺寸			
			A	B	C	D
直筒式［见图 7-3（a）］	小号	S	630	370	270	140
	中号	M	670	410	290	140
	大号	LG	720	450	330	175
	加大号	XLG	760	500	340	175
	允许误差		15	15	15	5
曲肘式［见图 7-3（b）］	小号	S	630	370	290	145
	中号	M	670	410	310	145
	大号	LG	710	420	330	175
	加大号	XLG	750	460	330	180
	允许误差		15	15	15	5

7-9 绝缘袖套的厚度要求是什么？

答：绝缘袖套应具有足够的弹性且平坦，表面橡胶最大厚度（不包括肩边、袖边或其他加固的肋）必须符合表 7-6 的规定。A 类、Z 类、H 类袖套可以超过最大厚度，但附加厚度应小于 0.6mm。

表 7-6 橡胶最大厚度（mm）

级别	厚度	级别	厚度
0	1.00	2	2.90
1	1.50		

7-10　绝缘袖套的工艺及成型要求是什么？

答：绝缘袖套的工艺及成型要求如下：

（1）袖套应采用无缝制作方式，袖套上为连接所留的小孔必须用非金属加固边缘，直径为8mm。

（2）袖套内、外表面应不存在有害的不规则性，有害的不规则性是指下列特征之一：即破坏其均匀性，损坏表面光滑轮廓的缺陷，如小孔、裂缝、局部隆起、切口、夹杂导电异物、折缝、空隙、凹凸波纹及铸造标志等。无害的不规则性是指在生产过程中造成的表面不规则性。如果其不规则性属于以下状况，则是可以接受的。

1）凹陷的直径不大于1.6mm，边缘光滑，当凹陷点的反面包敷于拇指扩展时，正面可不见痕迹。

2）袖套上如1）中描述的凹陷在5个以下，且任意两个凹陷之间的距离大于15mm。

3）当拉伸该材料时，凹槽、凸起部分或模型标志趋向于平滑的平面。

7-11　绝缘袖套外观及尺寸检查要求是什么？

答：绝缘袖套标志应齐全清晰，整套应为无缝制作，内外表面均应均匀完好无损，无深度划痕、裂缝、折缝，无明显孔洞。尺寸应符合相关标准要求。

7-12　绝缘袖套的预防性试验要求是什么？

答：绝缘袖套的预防性试验须逐只进行，试验项目包括标志检查、交流耐压或直流耐压试验，试验周期为每半年一次。

7-13　绝缘袖套标识检查要求是什么？

答：绝缘袖套标识检查要求：采用肥皂水浸泡过的软麻布先擦15s，然后再用汽油浸泡过的软麻布再擦15s，如标志仍清晰，则试验通过。

7-14　绝缘袖套交流耐压或直流耐压试验要求是什么？

答：试验应在环境温度（23±2)℃的环境温度下进行。

（1）电极间隙及试验布置。

1）电极间隙是指袖套试验时两电极间最短的路径，允许误差为25mm。若环境温度不能满足试验要求时，最大可增加50mm。不同级别袖套的电极间隙见表7-7。

表7-7　电极间隙距离（mm）

袖套种类	间　隙	
	交　流	直　流
0	80	80
1	80	100
2	180	200

2）电极由两块导电极板组成。电极形状与袖套内外形状相符。表面应光滑，不应有刻痕和凸块，电极如图7-4所示。将袖套平整布置于内外电极之间，不应强行曳拉袖套。为了能对不同尺寸袖套进行试验，可以将电极做得比图7-3中标示尺寸更长。当做较小尺寸袖套试验时，用绝缘材料隔离即可进行试验。

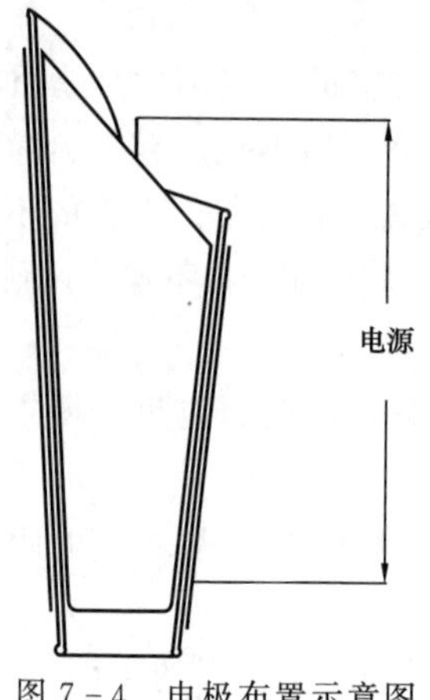

图7-4 电极布置示意图

（2）交流耐压试验。试验电压应从较低值开始上升，以大约1000V/s的速度逐渐升压，直至达到表7-8所规定的交流耐受电压值。试验时间从达到规定的试验电压的时刻开始计算。电压持续时间为1min。

（3）直流耐压试验。试验电压应从较低值开始上升，以大约3000V/s的速度逐渐升压，直至达到表7-8所规定的直流耐受电压值。试验时间从达到规定的试验电压的时刻开始计算。电压持续时间为3min。

表7-8　　交、直流试验电压（V）

袖套级别	额定电压	1min交流耐受电压（有效值）	3min直流耐受电压（平均值）
0	380	5000	10 000
1	3000	10 000	20 000
2	10 000	20 000	30 000

如试品无电晕发生、无闪络、无击穿、无明显发热，则试验通过。

7-15　绝缘袖套的标志要求是什么？

答：绝缘袖套上应有以下标识：符号（双三角形）；制造厂或商标；型号、种类；电压级别；生产日期，见图7-5。

7-16　绝缘袖套的包装要求是什么？

答：绝缘袖套应成双包装，并附有检验合格证及使用说明书，然后放入规定数量的箱中。包装箱应具有足够的强度以避免袖套损坏。箱上应印有制造厂名称、商标、产品名称、规格、数量。

7-17　绝缘袖套的储存要求是什么？

答：绝缘袖套应储存在专用箱内，避免阳光直射，雨雪浸淋，防止挤压、折叠。禁止绝缘袖套与油、酸、碱或其他有害物质接触，并距离热源1m以上。储存环境温度宜为10～20℃之间。

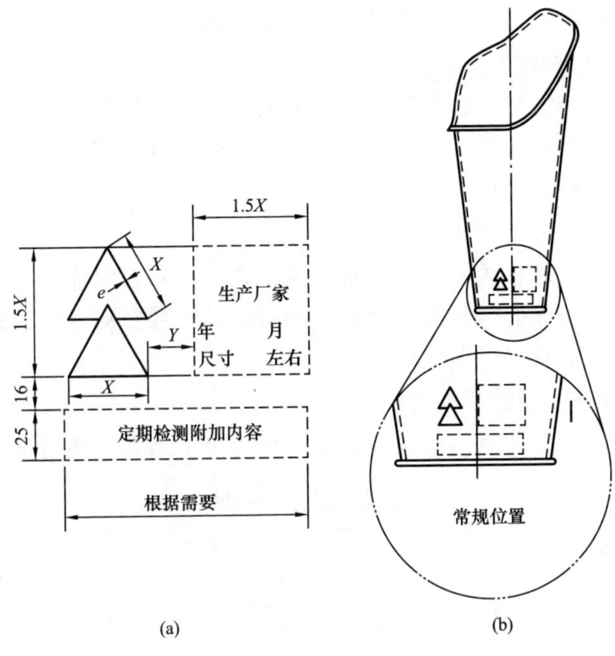

图 7-5　标识及标识位置

（a）标识；（b）标识位置

X—16、25 或 40；Y—$X/2$；e—线的最小厚度，取 1mm

7-18　屏蔽服装的材质与组成是什么？

答：屏蔽服装是用均匀分布的金属纤维和棉纤维（或阻燃合成纤维）混纺而成，并具有经纬线编织的网眼，成套屏蔽服装包括上衣、裤子、帽子、手套、短袜、鞋子及其相应的连接线和连接头，如图 7-6 所示。

图 7-6　屏蔽服装

7-19　屏蔽服装的防护原理与防护功能是什么？

答：屏蔽服装的防护原理是利用金属导体在电场中的静电屏蔽效应，因为含有金属纤维的屏蔽服实质上是一个具有人体外形的法拉第笼。屏蔽服装具有以下防护功能：

（1）屏蔽电场。在人体接近超高压导线或与超高压导线等电位时，会出现较高的体表电场，而且由于人体形状复杂及人体各部分与带电体的方位距离不同，若不采用屏蔽措施，会使作业人员皮肤感到重麻、刺激。穿戴屏蔽服装后使处在高电场中的人体外表各部位形成一个等电位屏蔽面，有效地防护人体免受高压电场及电磁波的影响。

（2）旁路电流。在人体接触和脱离具有不同电位物体的瞬间会发生充放电暂态过程，穿上屏蔽服装后，人体与屏蔽服装组成并联回路，由于屏蔽服装电阻小，流过屏蔽服装的电流约为总电流的99%，旁路了大部分暂态放电电流。同样，屏蔽服装亦旁路稳态电容电流。

（3）代替电位转移线。穿上屏蔽服装后，手套和衣服连为一体，代替了电位转移线，等电位作业人员可以直接接触带电导线和脱离导线，省去了电位转移的操作步骤，简化了作业程序。

7-20　屏蔽服装的分类有哪些？

答：根据屏蔽服装使用条件的不同，可分为Ⅰ型和Ⅱ型两类，见表7-9。

表7-9　屏蔽服装分类

类别	屏蔽效率（dB）	熔断电流（A）
Ⅰ型	≥40	≥5
Ⅱ型	≥40	≥30

7-21　屏蔽服装的一般要求是什么？

答：屏蔽服装应有较好的屏蔽性能、较低的电阻、适当的通流容量、一定的阻燃性及较好的服用性能。屏蔽服装各部件应经过两个可卸的连接头进行可靠的电气连接，应保证连接头在工作过程中不得脱开。

7-22　屏蔽服装的衣料要求有哪些？

答：屏蔽服装的衣料要求按照GB/T 6568—2008《带电作业用屏蔽服装》中5.2规定具体如下：

（1）屏蔽效率。用于制作屏服装的料，其屏效率不得小于40dB。

（2）电阻。用于制作屏蔽服装的衣料，其电阻不得大于800mΩ。

（3）熔断电流。用于制作屏蔽服装的衣料，其熔断电流不得小于5A。

（4）耐电火花。衣料应具有一定的耐电火花的能力，在充电电容产生的高频火花放电时而不烧损，仅炭化而无明火蔓延经过耐电火花试验2min以后，料炭化破坏面积不得大于300mm^2。

（5）耐燃。衣料与明火接触时，必须能够阻止明火的蔓延试样的炭长不得大于300mm^{2}烧坏面不得大于100cm^2，且烧坏面积不得扩散到试样的边缘。

（6）耐洗涤。要确保在多次洗涤后，衣料的电气和耐燃性能无明显降低。衣料应经受10次“水洗－烘干”过程。在衣料做过试验后，其技术性能应满足表7-10要求。

（7）耐磨损。衣料必须耐磨损，使衣服具有一定的耐用价值。经过 500 次摩擦试验后，衣料电阻不得大于 1Ω，衣料屏蔽效率不得小于 40dB。

表 7-10　　衣料耐洗涤技术性能

屏蔽效率/dB	熔断电流/A	电阻/Ω	燃烧炭化面积/cm^2
≥40	≥5	≤1	≤100

（8）断裂强度和断裂伸长率。对导电纤维类衣料，衣料的径向断裂强度不得小于 343N，纬向断裂强度不得小于 294N，经、纬向断裂伸长率不得小于 10%；对导电涂层类衣料，衣料的经向断裂强度不得小于 245N，纬向断裂强度不得小于 245N。经、纬向断裂伸长率均不得小于 10%。

7-23　屏蔽服装的成品要求有哪些？

答：屏蔽服装的成品要求如下：

（1）上衣、裤子。为了确保整套屏蔽服装的电阻不大于规定值，按照标准分别测量上衣及裤子任意两个最远端之间的电阻均不得大于 15Ω。

（2）手套、短袜。按照标准分别测量手套及短袜的电阻均不得大于 15Ω。

（3）鞋子。按照标准测量鞋子的电阻不得大于 500Ω。

（4）帽子。帽子必须通过屏蔽效应试验，帽子的屏蔽效应在整套衣服的屏蔽性能试验中一起进行试验。帽子的保护盖舌和外伸边沿必须确保人体外露部位（如面部）不产生不舒适感，并应确保在最高使用电压情况下，人体外露部位的表面场强不得大于 240kV/m。必须确保帽子和上衣之间的电气连接良好。

（5）整套屏蔽服装（上衣、裤子、手套、短袜、帽子、鞋子）。对屏蔽服膝部、臀部、肘部及手掌等易损部位，可用双层衣料适当加强，以提高整套屏蔽服装的耐用性能。为确保整套屏蔽服装的电阻和屏蔽性能符合标准规定，应对组装好的整套屏蔽服装进行试验检查。

按照标准进行整套衣服的电阻试验。检查整套屏蔽服装各最远端点之间的电阻，其值均不得大于 20Ω。

按照标准进行整套屏蔽服装的屏蔽性能试验。在规定的使用电压等级下，测量衣服胸前、背后处以及帽内头顶处等三个部位的体表场强，其值均不得大于 15kV/m；测量人体外露部位（如面部）的体表局部场强，其值不得大于 240kV/m；测量屏蔽服内流经人体的电流，其值不得大于 50μA。

按照标准进行整套屏蔽服装的通流容量试验。对屏蔽服装通以规定的工频电流，并经一定时间的热稳定以后，测量屏蔽服装任何部位的温升，其值不得超过 50℃。

（6）分流连接线及连接头。为了保证整套屏蔽服装有较大的通流容量和较小的电阻，在上衣、裤子、手套、短袜、帽子等适当部位，应安放分流连接线。Ⅰ型屏蔽服装每路分流连接线的截面积应不小于1mm^2，Ⅱ型屏蔽服装每路分流连接线的截面积应不小于4mm^2，并应具有适当的机械强度，使其不易折断。上衣、裤子均应有两路独立的分流连接线及连接头通道。衣、裤、帽、手套、短袜等各部件均应有两个连接头。如果手套与上衣之间或短袜与裤子之间能够通过衣料直接接触而使其在电气上导通的话，可以分别只装配一个连接头。

7-24　屏蔽服装型号有哪些？

答：屏蔽服装型号如下：

（1）上衣、裤子型号。根据GB/T 1335.1—2008《服装型号　男子》的有关规定，上衣和裤子均选用5.3B系列。根据GB/T 2668—2017《单服、套装规格》的有关规定，选用上衣（包括上、下连装）的型号165/93、170/96、175/99、180/102、185/105五种；选用裤子的型号有165/84、170/87、175/90、180/93、185/96五种。

（2）帽子、手套和短袜型号。

1）帽子型号。根据穿戴者的头围周长，选用57、58、59、60、61cm五种型号。

2）手套型号。选用大、中号两种型号。

3）短袜型号。选用25、26、27、28cm四种型号。

（3）鞋子型号。按照全国统一鞋号规格，选用25、26、27、28cm四种型号；鞋子宽度均选用Ⅲ型。

（4）棉服型号。根据GB/T 1335.1有关规定，棉上衣和棉裤均选用5.3B系列。棉上衣的规格选用165/99、170/102、175/105、180/108、185/108五种型号；棉裤的规格选用165/90、170/93、175/96、180/99、185/99五种型号。

7-25　屏蔽服装外观检查的要求是什么？

答：整套屏蔽服装，包括上衣、裤子、手套、袜子和帽子内、外表面均应完好无损，不存在破坏其均匀性、损坏表面光滑轮廓的缺陷，如明显孔洞、裂缝等；鞋子应无破损，鞋底表面无严重磨损现象。上衣、裤子、帽子之间应有两个连接头，上衣与手套、裤子与袜子每端分别各有一个连接头。将连接头组装好后，轻扯连接部位，确认其完好并具有一定的机械强度，连接头连接可靠（工作中不会自动脱开）。

7-26　屏蔽服装预防性试验项目是什么？

答：屏蔽服装预防性试验项目为成衣（包括鞋、袜）电阻试验和整套服装的屏蔽效率试验，试验周期为6个月。

7-27　屏蔽服装成衣（包括鞋、袜）电阻试验的要求是什么?

答：试验需在温度为（23±2)℃、相对湿度为45%～55%的环境中进行。试验所需仪表为（0.1～50)Ω量程的欧姆表1块；电阻试验电极为两个带接线柱的黄铜圆电极，每个电极重1kg，形状如图7-7所示。

（1）上衣、裤子电阻试验。在试验台面上铺一块厚为5mm的毛毡，将上衣及裤子平铺在毛毡上，其内衬垫一层塑料薄膜，使上衣及裤子各布之间隔开，避免层间电气短路；将试验电极分别置于上衣或裤子的两个最远端点，测量上衣或裤子各最远端点之间的电阻，测试点应距各接缝边缘和分流连接线3cm远。任意两个最远端以及任意两点之间的电阻不大于15Ω为合格。

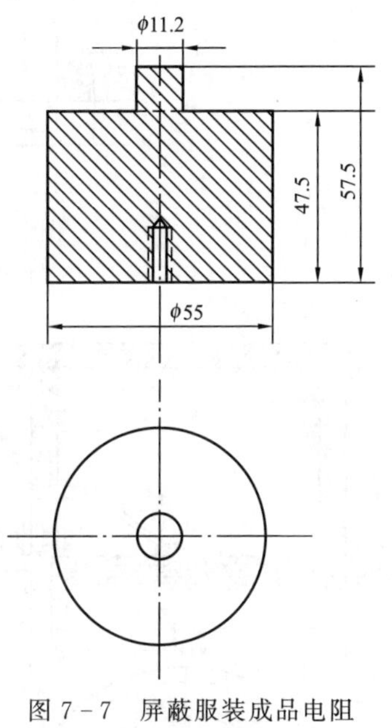

图7-7　屏蔽服装成品电阻试验电极图

（2）手套、短袜电阻试验。在试验台面上铺一块厚为5mm的毛毡，将手套及短袜平铺在毛毡上，其内衬垫一层塑料薄膜，使各布层间相互隔开，避免层间电气短路；将一个试验电极压在手套的中指指尖或短袜的袜尖处，另一个试验电极压在手套或短袜的开口处的分流连接线上，用欧姆表测量两电极之间的电阻。电阻不大于15Ω为合格。

（3）鞋子电阻试验。将鞋子平放在一块尺寸为300mm×200mm的黄铜平板电极上，然后将直径为30mm、高为50mm带接线柱的圆柱形黄铜电极放在鞋里的底面上，并装上直径为4mm钢珠铺在电极周围，以将整个鞋底盖住并达到20mm深（如图7-8所示，在脚后跟处测量），用欧姆表测量两电极之间的电阻。

对装有分流连接线的鞋子，将鞋子平放在平板电极上，其内装有直径为4mm的钢珠达20mm深，可在分流连接线与平板电极之间测量电阻。

鞋子的电阻不大于500Ω为合格。

（4）整套衣服电阻试验。先给模拟人穿上一套普通布料服装，然后外面再穿上一套被测屏蔽服装（将上衣、裤子、手套、袜子、帽子和鞋全部组装好），并将其躺卧在试验用条桌上；将两个带接线柱的黄铜电极分别垂直平放在各被测点上，检测手套与短袜及帽子与短袜间的电阻。测点位置应距接缝边缘及分流连接线3cm远。

整套屏蔽服装各最远端点之间的电阻均不得大于20Ω。

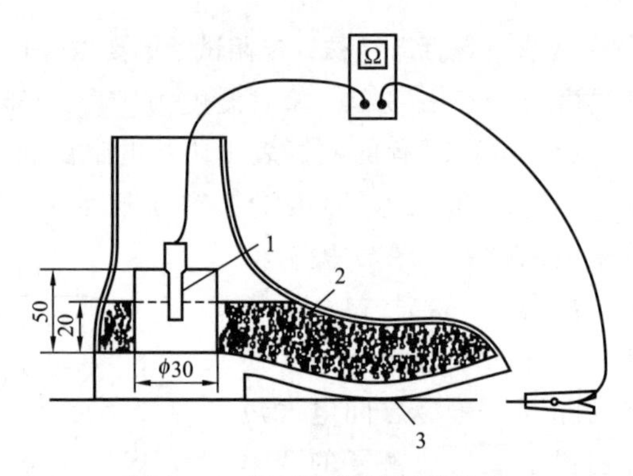

图 7－8　鞋子电阻测量示意图

1—测试电极接线柱；2—钢珠；3—测试电极

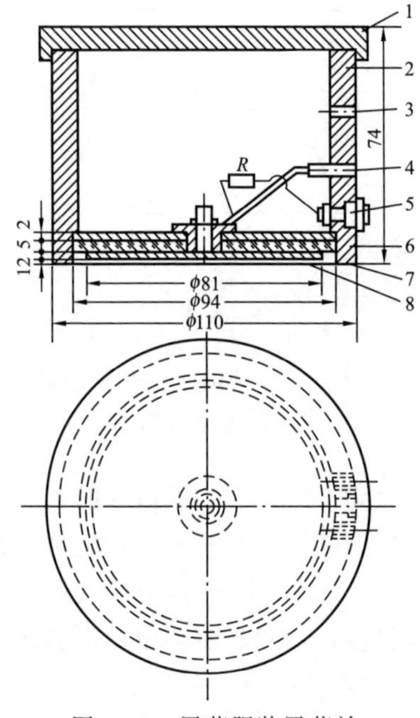

图 7－9　屏蔽服装屏蔽效率试验电极图

1—上盖；2—屏蔽外壳；3—固定电缆螺孔；4—电缆连接测量仪表；5—接地螺母；6—屏蔽电极；7—绝缘板；8—接收电极；R—负载电阻

7－28　整套屏蔽服装的屏蔽效率试验的要求是什么？

答： 整套服装的屏蔽效率试验：上衣在左右前胸正中、后背正中各测一点，裤子位于膝盖处各测一点。将测得的 5 点的数据之算术平均值作为整套屏蔽服装的屏蔽效率值。整套屏蔽服装的屏蔽效率不得小于 30dB。屏蔽服装屏蔽效率试验电极如图 7－9 所示。

7－29　屏蔽服装的标识要求是什么？

答： 屏蔽服装必须打上明显且持久的标识。标识应包括制造厂名或商标，型号名称，制造年份、月份，熔断电流，型号标识。

以上内容用一种蓝色三角形标识来显示。在屏蔽服装的上衣、裤子、帽子、手套、短袜等各部件均必须牢固地装上三角形标识［见图 7－10(a)］。三角形标识的尺寸参数［见图 7－10(b)］为：外侧是一个深蓝色的三角形框条，框条宽 3mm；里面是一个浅蓝色的三角形；三角形最外边的边长为 50mm。三角形和全部字为深蓝色，底色为浅蓝色。

当屏蔽服装中个别部件（如手套、短袜等）不适合此尺寸时，标识尺寸可适当缩小。

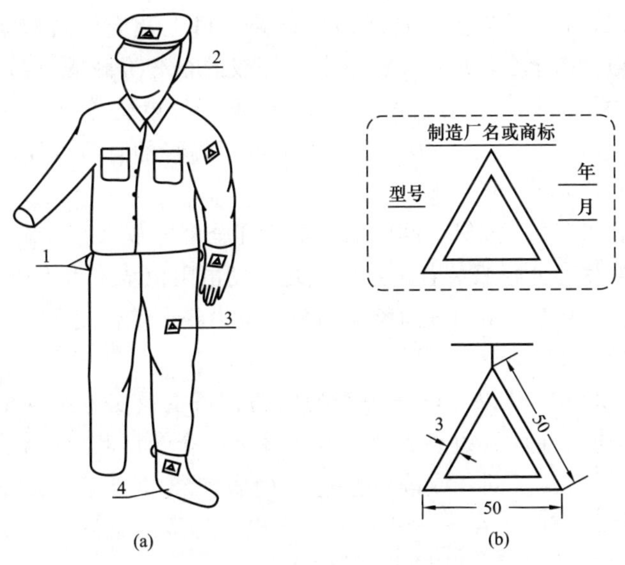

图 7-10　屏蔽服装标识

(a) 屏蔽服装标识位置；(b) 标识内容尺寸

1—连接头；2—分流连接线；3—标志；4—鞋子

屏蔽服装的包装或包装箱外应有防压、易碎、防潮等标识。

7-30　屏蔽服装的包装要求是什么?

答: 由于导电织物中的导电材料在周围空气中会被氧化，因此必须将屏蔽服装包装好，使其在长期储藏以后仍然不会被氧化。比如，可以将屏蔽服装包装在一个里面衬有丝绸布的塑料袋里，这层丝绸布的作用是将屏蔽服装与塑料袋隔开以免相互粘住，也可包装在专用箱子中。

整箱包装时，应用硬箱包装，避免屏蔽服装在运输过程中长期受重压而导致导电材料的损坏。

包装袋或包装箱内必须附有产品装箱单及合格证。

7-31　《安规》对屏蔽服装的要求是什么?

答: Q/GDW 1799.1—2013《国家电网公司电力安全工作规程　变电部分》中有关规定:

9.2.6 在绝缘子串未脱离导线前，拆、装靠近横担的第一片绝缘子时，应采用专用短接线或穿屏蔽服方可直接进行操作。

9.3.2 等电位作业人员应在衣服外面穿合格的全套屏蔽服（包括帽、衣裤、手套、袜和鞋，750kV、1000kV 等电位作业人员还应戴面罩），且各部分应连接良好。屏蔽服内还应穿着阻燃内衣。

禁止通过屏蔽服断、接接地电流、空载线路和耦合电容器的电容电流。

9.8.1 在 330kV 及以上电压等级的线路杆塔上及变电站构架上作业，应采取防静电感应措施，例如穿戴相应电压等级的全套屏蔽服（包括帽、上衣、裤子、手套、鞋等，下同）或静电感应防护服、导电鞋等（220kV 线路杆塔上作业时宜穿导电鞋）。在±400kV 及以上电压等级的直流线路单极停电侧进行工作时，应穿着全套屏蔽服。

9.10.3 中 d）装、拆保护间隙的人员应穿全套屏蔽服。

9.13.3.6 整套屏蔽服装各最远端点之间的电阻值均不得大于 20Ω。

Q/GDW 1799.2—2013《国家电网公司电力安全工作规程　线路部分》中有关规定：

8.4.1 在 330kV 及以上电压等级的线路杆塔上及变电站构架上作业，应采取防静电感应措施，例如穿戴相应电压等级的全套屏蔽服（包括帽、上衣、裤子、手套、鞋等，下同）或静电感应防护服和导电鞋等（220kV 线路杆塔上作业时宜穿导电鞋）。在±400kV 及以上电压等级的直流线路单极停电侧进行工作时，应穿着全套屏蔽服。

8.4.2 在±400kV 及以上电压等级的直流线路单极停电侧进行工作时，应穿着全套屏蔽服。

13.2.5 在绝缘子串未脱离导线前，拆、装靠近横担的第一片绝缘子时，应采用专用短接线或穿屏蔽服方可直接进行操作。

13.3.2 等电位作业人员应在衣服外面穿合格的全套屏蔽服（包括帽、衣裤、手套、袜和鞋，750kV、1000kV 等电位作业人员还应戴面罩），且各部分应连接良好。屏蔽服内还应穿着阻燃内衣。

禁止通过屏蔽服断、接接地电流、空载线路和耦合电容器的电容电流。

13.8.3 的 d）装、拆保护间隙的人员应穿全套屏蔽服。

13.11.3.5 整套屏蔽服装各最远端点之间的电阻值均不得大于 20Ω。

7－32　静电防护服装的作用是什么？

答：静电防护服装是用于在有静电的场所降低人体电位、避免服装上带高电位引起的其他危害的特种服装，与屏蔽服装的原理和作用相同，但由于其使用位置不一样，故技术参数相对较低。高压静电防护服装应具有一定的屏蔽性能、较低的电阻及较好的服用性能，采用金属纤维和棉或合成纤维混纺织成的衣料制作。

7－33　静电防护服装的性能要求是什么？

答：GB 12014—2019《防护服装　防静电服》中有关规定：

4.1.1 外观质量。按 5.1 规定的方法测试，面料应无破损、斑点、污物或其他影响面料性能的缺陷。

4.2.5 缝制。服装各部位缝制线路顺直、整齐、平服牢固。上下松紧适宜，无跳针、断线，起落针处应有回针。缝线针距12针/3cm～16针/3cm，按5.17规定的方法测试，机织物服装接缝强力不得小于100 N，针织物服装的裤后裆缝和腋下接锋强力不得小于75N。

4.2.6 附件。服装上一般不得使用金属材质的附件，若必须使用时，其表面应加掩襟，金属附件不得直接外露。

4.2.8. 服装防静电性能。

4.2.8.1 使用条纹或网格状导电纤维或导电长丝实现防静电性能的，导电材料的间距不应大于10mm。

4.2.8.2 按附录B规定的方法测试，带电电荷量不应大于0.60μC/套。

4.2.8.3 作为接地措施使用的，或具有接地功能的防静电服，按附录C规定的方法洗涤和调湿后，服装点对点电阻依据FZ/T 80012—2012中7.2规定的方法进行测试，应为$1.0\times10^5\Omega$～$10\times10^{11}\Omega$。具有接地点的防静电服，按5.18规定的方法测试，服装各测试点与接地点之间的电阻应为$1.0\times10^5\Omega$～$10\times10^9\Omega$。

7-34　静电防护服装的衣料要求是什么？

答：静电防护服装的衣料要求如下：

（1）屏蔽效率。衣料屏蔽效率不得小于28dB。

（2）电阻。衣料电阻不得大于300Ω。

（3）耐汗蚀。经耐酸性汗蚀和耐碱性汗蚀试验，检测其电阻值不得大于500Ω，屏蔽效率不得小于26dB。

（4）透气性能。衣料应具有较大的透气量，以达到穿戴者舒适的目的。透过衣料的空气流量不得小于35L/(m^2·s)。

（5）断裂强度和断裂伸长率。衣料的经向断裂强度不得小于345N，纬向断裂强度不得小于300N，经、纬向断裂伸长率不得小于10%。

7-35　静电防护服装的成衣要求是什么？

答：静电防护服装的成衣要求如下：

（1）鞋。鞋的电阻不得大于500Ω。

（2）帽。帽、帽檐、外伸边沿或披肩均应采用静电防护衣料制作，避免人体头部裸露部位产生不舒适感。

（3）整套静电防护服装。整套衣服的最远端点之间的电阻值不作要求，但各部位之间必须形成良好的电气连接。进行静电防护服装内的电场强度试验，衣服内胸前的表面场强不得大于15kV/m，且高压静电防护服装内流经人体的电流不得大于50μA。

（4）连接带。上衣的衣领、袖口及上衣与裤连接的两侧均应配置连接带。裤与上衣连接的两侧及裤脚均应配置连接带。帽、手套均应配置一根连接带。

连接带与衣、裤、帽手套的搭接长度不得小于100mm，宽度不得小于15mm，且连接带与连接带的纵向缝制不得少于3道，并应均匀分布于连接带上。

7-36 静电防护服装的外观检查要求是什么?

答：整套防护服装包括上衣、裤子、鞋子、袜子和帽子均应完好无损，无明显孔洞，连接带连接可靠（工作中不至于脱开）。上衣、裤子、帽子之间应有两个连接带，上衣与手套、裤子与袜子每端分别各有一个连接带。轻扯连接带与服装各部位的连接，确认其具有一定的机械强度。

7-37 静电防护服装的预防性试验要求是什么?

答：静电防护服装的预防性试验项目为整套防护服装的屏蔽效率试验，试验周期为每半年一次。

7-38 整套防护服装的屏蔽效率试验要求是什么?

答：整套防护服装的屏蔽效率试验：上衣在左右前胸正中、后背正中各测一点，裤子位于膝盖处各测一点。将测得的5点的数据之算术平均值作为整套静电防护服装的屏蔽效率值。整套静电防护服装的屏蔽效率不得小于26dB。静电防护服装屏蔽效率试验电极如图7-9所示。

7-39 静电防护服装的使用要求是什么?

答：静电防护服装的使用要求如下：

(1) 凡是在正常情况下，爆炸性气体混合物连续地、短时间频繁地出现或长时间存在的场所及爆炸性气体混合物有可能出现的场所，可燃物的最小点燃能量在0.25mJ以下时，应穿用静电防护服装。

(2) 禁止在易燃、易爆场所穿脱静电防护服装。

(3) 禁止在静电防护服装上附加或佩戴任何金属物件。

(4) 穿用静电防护服装时，还应与防静电鞋配套使用，同时地面也应是导电地板。

(5) 静电防护服装应保持清洁，保持防静电性能，使用后用软毛刷、软布蘸中性洗涤剂刷洗，不可损伤衣料纤维。

(6) 穿用一段时间后，应对静电防护服装进行检验，若防静电性能不符合标准要求，则不能再作为静电防护服装使用。

7-40 穿了静电防护服装后应注意什么?

答：要求防静电的环境主要是防止由于摩擦引起的电荷流动形成电荷聚焦造成静电感应，或引起静电高压放电所造成的危害。穿了静电防护服装后，能及时地把聚集电荷通过静电防护服装接地，同时不能再穿皮毛等原料制成的内衣及袜子，因为它们是绝缘的，防止了人体的静电传导接地，而且，应穿防静电鞋，其电阻值应在100～1000kΩ范围。

7-41　《安规》对静电防护服装的要求是什么?

答:Q/GDW 1799.2—2013《国家电网公司电力安全工作规程　线路部分》中有关规定:"在330kV及以上电压等级的线路杆塔上及变电站构架上作业,应采取防静电感应措施,例如穿戴相应电压等级的全套屏蔽服(包括帽、上衣、裤子、手套、鞋等,下同)或静电感应防护服和导电鞋等(220kV线路杆塔上作业时宜穿导电鞋)。在±400kV及以上电压等级的直流线路单极停电侧进行工作时,应穿着全套屏蔽服。"

7-42　防护服装有哪些种类?

答:防护服装分特殊作业防护服和一般作业防护服。特殊作业防护服是指在直接危及劳动者安全健康的作业环境中穿用的各类能避免和减轻职业危害的防护服,如防止接触火焰、高温、腐蚀性化学品以及电火花、电弧等对作业人员身体的伤害,其专用性较强。一般作业防护服是指在作业过程中为防污、防机械磨损、防绞碾等伤害而穿用的服装。一般作业防护服面料选择比较广泛,如纯棉、混纺织物等均可。而特殊作业防护服的面料必须符合国家及行业的特种防护功能的技术要求。

目前国内特殊作业防护服主要包括带电作业屏蔽服、防静电工作服、防电弧服、防酸工作服、阻燃防护服、抗油拒水防护服、焊接防护服、防尘工作服、防水工作服、防寒工作服、X射线防护服及微波防护服等。作业人员应根据工作性质,选择防护服装以确保人体的安全。

7-43　防电弧服的作用是什么?

答:防电弧服是一种用绝缘和防护的隔层制成的保护穿着者身体的防护服装,用于减轻或避免电弧发生时散发出的大量热能辐射和飞溅融化物的伤害。

7-44　防酸工作服的作用及要求是什么?

答:防酸工作服适用于从事接触和配制酸类物质作业人员穿戴的具有防酸性能的工作服,它是用耐酸织物或橡胶、塑料等防酸面料制成。在结构上应满足领口紧、袖口紧和下摆紧,并且不能有明兜,如做兜则必须加兜盖等制作要求。

7-45　防酸工作服的分类有哪些?

答:防酸工作服根据材料的性质不同分为透气型防酸工作服和不透气型防酸工作服两类。

(1)透气型防酸工作服用于中、轻度酸污染场所的防护,产品有分身式和大褂式两种款式。

1)分身式透气型防酸工作服包括上衣、裤子等。上衣要求领口紧、袖口紧和下摆紧,防止酸液从这些部位浸入;裤子为直筒裤,如图7-11所示。

2)大褂式透气型防酸工作服采用翻领和立领两用,后背下部无开缝;分为前开式和后开式，如图 7－12 所示。

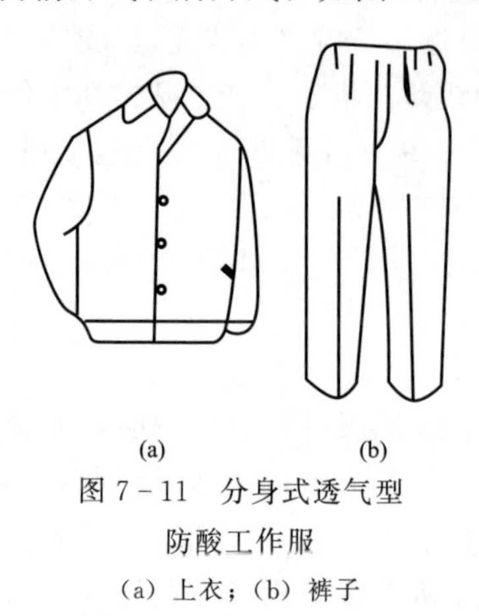

图 7－11　分身式透气型防酸工作服

（a）上衣；（b）裤子

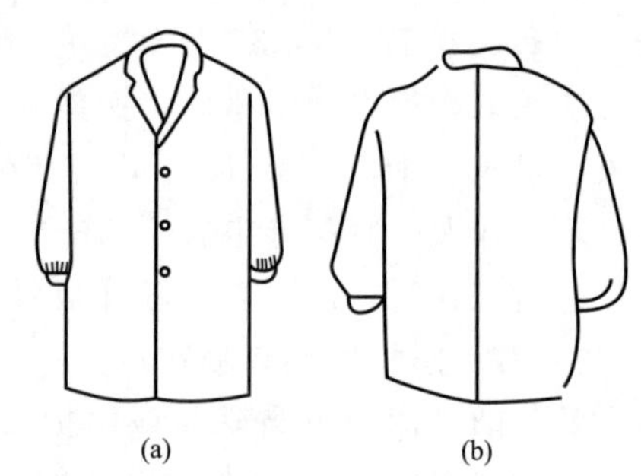

图 7－12　大褂式透气型防酸工作服

（a）前开式；（b）后开式

（2）不透气型防酸工作服用于严重酸污染场所，有连体式、分身式和围裙等款式。

1）连体式不透气型防酸工作服是上衣和裤子形成一体的服装，如图 7－13 所示。其结构要求领口紧、袖口紧、裤脚紧、结实、轻便易于活动、便于穿脱。

2）分身式不透气型防酸工作服的上衣袖子和防酸手套之间、裤子和防酸靴之间，其结合部位应严密，防止酸液浸入；上衣和裤子的结合部位要严密，防止酸液浸入，如图 7－14 所示。

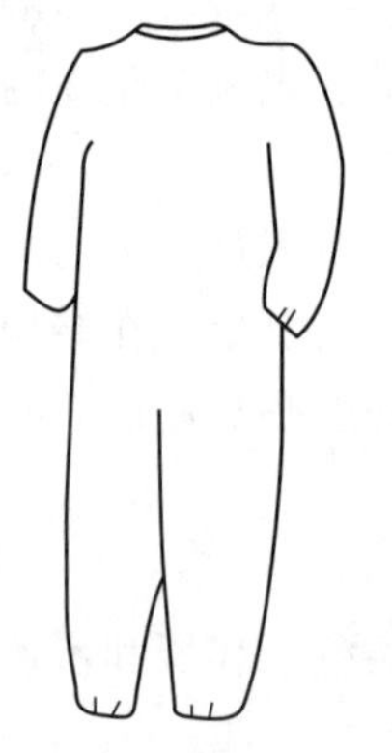

图 7－13　连体式不透气型防酸工作服

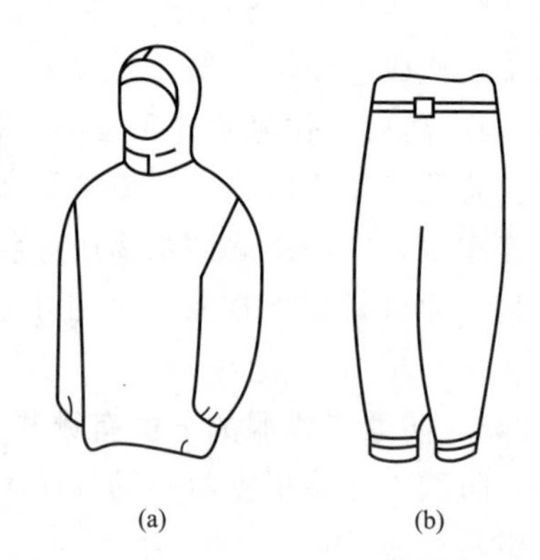

图 7－14　分身式不透气型防酸工作服

（a）上衣；（b）裤子

3）不透气型防酸围裤、套袖适用于局部接触酸的作业场所。

7－46　防酸工作服的使用要求是什么？

答：防酸工作服装的使用要求如下：

（1）防酸工作服使用前应检查是否破损，并且只能在规定的酸作业环境中作为辅助用具使用。

（2）穿用时应避免接触锐器，防止受到机械损伤。

（3）橡胶和塑料制成的防酸工作服存放时应注意避免接触高温，用后清洗晾干，避免曝晒，长期保存应撒上滑石粉以防粘连。

（4）合成纤维类防酸工作服不宜用热水洗涤、熨烫，避免接触明火。

（5）使用防酸工作服时，还应注意厂家提供的检验报告上主要性能指标是否符合标准要求，确保工作时的安全。

7－47　阻燃防护服的作用及适用场合是什么?

答：阻燃防护服是在接触火焰及炽热物体后能阻止本身被点燃、有焰燃烧和阴燃的防护服。它适用于从事有明火、散发火花、在熔融金属附近操作和在有易燃物质并有起火危险场所的工作者穿用。

7－48　阻燃防护服的分类有哪些?

答：阻燃防护服的防护性能与选用面料有密切关系，由于采用不同的面料，因此就有多种的阻燃防护服，主要有以下几种。

（1）阻燃纯棉防护服。纯棉织物具有柔软的触感，优良吸湿性和抗静电性等优点，受到人们的普遍欢迎和广泛接受。但同时它属于可燃性纤维，所以必须进行阻燃处理。

（2）阻燃合成纤维防护服。几乎所有的合成纤维都可以改性成阻燃纤维。但目前已实现工业化和应用较大的主要是阻燃黏胶、阻燃腈纶、阻燃涤纶、阻燃尼龙等。

（3）耐高温阻燃防护服。这是用耐高温阻燃纤维织物制成的防护服，这类纤维不需阻燃剂整理，纤维本身具有耐高温阻燃特性。

（4）阻燃铝膜棉布防护服。这种防护服是在阻燃纯棉织物上采用抗氧化铝箔黏结复合法、表面喷涂铝粉法或薄膜真空镀铝的铝膜复合法等技术，增加织物表面反射辐射热的能力。以上三种方法，以铝箔黏结复合法较好。

7－49　抗油拒水防护服的作用是什么?适用哪些场所?

答：抗油拒水防护服是指经过整理（织物经含氟聚合物浸轧整理与涂层并用工艺）的织物制成。其纤维表面能排斥、疏远油、水类液体介质，从而达到既不妨碍透气舒适，又能有效抗拒此类液体对内衣和人体的侵蚀。

抗油拒水防护服主要用于接触油水介质频繁的作业环境。

7－50　焊接防护服的作用及要求是什么?

答：焊接防护服是以织物、皮革或通过贴膜或喷涂制成的织物面料，采用缝制工艺制作的服装，防御焊接时的熔融金属、火花和高温灼烧人体。

焊接防护服款式分为上、下身分离式和衣裤连体式，还可配用围裙、套袖、披肩和鞋盖等附件。产品质量应符合 GB 8965.2—2009《防护服装　阻燃防护　第2部分：焊接服》的要求。

7－51　防尘工作服的作用及要求是什么？

答：防尘工作服是用于接触一般粉尘作业（如铸件清砂、抛光、打磨除锈、除尘设备清扫、水泥包装等）的工作人员，免受粉尘危害的防护服。

7－52　防水工作服的作用是什么？

答：防水工作服是具有防御水透过和渗入的工作服，其中包括劳动防护雨衣、下水衣、水产服等品种。主要用于保护从事淋水作业、喷溅水作业、排水、水产养殖、矿井、隧道等浸泡水中作业的人员。防水工作服产品可参照 LD/T 100—1997《水产防护服》的技术要求执行。

7－53　防水工作服的使用和注意事项有哪些？

答：防水工作服的使用和注意事项如下：

（1）防水服的用料主要是橡胶，使用时应严禁接触各种油类（包括机油、汽油、食用油等）、有机溶剂、酸、碱等物质。

（2）洗后不可暴晒、火烤，应晾干。

（3）存放时尽量避免折叠、挤压，要远离热源，通风干燥，如需折叠，可撒些滑石粉，以免黏合。

（4）使用中避免与锐利物接触，以免割破后影响防水效果。

7－54　防寒工作服的作用和要求是什么？

答：防寒工作服用于低温作业，保护人体免受冻伤。防寒工作服应具有良好保温性、热导率小以及外表吸热率高等性能。其面料应具有一定的耐磨性和色牢度。劳保羽绒服是以羽绒为保暖充填层的防寒工作服，适用于－25～35℃的地区室外作业职工穿用，以防御低温对人体的不良影响，保护作业者的健康和维持正常的工作效率。劳保羽绒服产品应符合 GB/T 13459—2008《劳动防护服　防寒保暖要求》的规定。

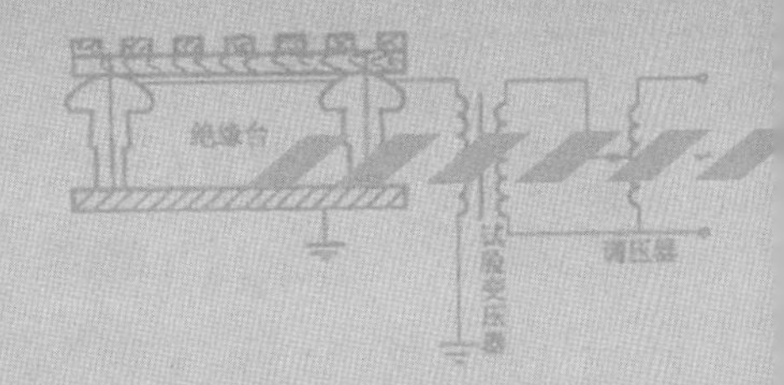

第八章 绝缘防护

8－1　绝缘垫（毯）的作用是什么？

答：绝缘垫（毯）是由特种橡胶制成，具有良好的绝缘性能，用于加强工作人员对地的绝缘，可分为普通绝缘胶垫和带电作业用绝缘垫（毯）。普通绝缘胶垫可分为高压和低压两种等级。一般使用于带电设备区域，铺在配电室等地面上以及控制屏、保护屏和发电机、调相机的励磁机的两侧，其作用与绝缘靴基本相同。当进行带电操作开关时，可增强操作人员的对地绝缘，避免或减轻发生单相接地或电气设备绝缘损坏时接触电压与跨步电压对人体的伤害。在低压配电室地面上铺绝缘胶垫，可代替绝缘鞋，起到绝缘作用。因此，在 1kV 及以下时，绝缘胶垫可作为基本安全用具；而在 1kV 以上时，仅作辅助安全用具。

8－2　带电作业用绝缘垫（毯）的作用是什么？

答：带电作业用绝缘垫是敷设在地面或接地物体上以保护作业人员免遭电击。

带电作业用绝缘毯是用绝缘材料制成的保护作业人员无意识触及带电体时免遭电击，以及防止电气设备之间短路。

8－3　带电作业用绝缘垫（毯）的结构是什么？

答：绝缘垫应采用橡胶类绝缘材料制作，上表面应采用皱纹状或菱形花纹状等防滑设计，以增强表面防滑性能，背面可采用布料或其他防滑材料。

绝缘毯应采用绝缘的橡胶类和塑胶类材料，采用无缝制作工艺制成。绝缘毯上的孔眼必须用非金属材料加固边缘，其直径通常为 8mm。

8－4　带电作业用绝缘垫（毯）的分类有哪些？

答：带电作业用绝缘垫（毯）的分类：

（1）绝缘垫（毯）按电气性能分为 0、1、2、3 共 4 级，适用于不同标称电压系统的绝缘垫（毯）见表 8－1。对具有耐低温性能的绝缘垫特别标明为 C 类绝缘垫。

表 8－1　　绝缘垫（毯）的适用电压等级

级　别	0	1	2	3
适用电压等级（A.C，V）	380	3000	10 000（6000）	20 000

注　在三相系统中是指线电压。

（2）具有特殊性能和多重特殊性能的绝缘毯分为6种类型，分别为A、H、Z、M、S、C型，见表8-2。

表8-2　　绝缘毯类型

型　号	A	H	Z	M	S	C
特殊性能	耐酸	耐油	耐臭氧	耐机械刺穿	耐油和臭氧	耐低温

8-5　带电作业用绝缘垫的要求是什么？

答：带电作业用绝缘垫的要求如下：

（1）样式。绝缘垫一般为卷筒型和特殊型两种类型，也可以专门设计以满足特殊用途的需要。

（2）尺寸。绝缘垫尺寸及允许误差见表8-3。

表8-3　　绝缘垫尺寸及允许误差（mm）

特殊型		卷筒型
长　度	宽　度	宽　度
1000±25	600±15	610±15
1000±25	1000±25	760±15
1000±25	2000±25	915±25
		1220±25

（3）厚度。

1）为了有合适的柔软度，绝缘垫的最大厚度规定见表8-4。应该在皱纹或菱形花纹之上测量，皱纹的深度应不大于3mm，菱形花纹的高度应不高于2mm。

表8-4　　绝缘垫的最大厚度（mm）

级　别	0	1	2	3
最大厚度	6.0	6.0	8.0	11.0

2）最小厚度不予限定，但必须通过DL/T 853《带电作业用绝缘垫》所规定的试验。

（4）工艺及成型。绝缘垫上下表面应不存在有害的不规则性。有害的不规则性是指具有下列特征之一的损坏表面光滑轮廓的缺陷，如小孔、裂缝、局部隆起、切口、夹杂导电异物、折缝、空隙、凹凸波纹及铸造标志等。无害的不规则性是指在生产过程中形成的表面不规则性。如果其不规则性是属于以下状况，则是可以接受的：

1）符合表8-4中的厚度要求，仅需改进表面防滑设计以增大摩擦力；

2）当拉伸时，凹槽或模型标志趋向于平滑的表面。

8－6　带电作业用绝缘毯的要求是什么？

答：带电作业用绝缘毯的要求：

（1）样式。绝缘毯的形状可以是平展式的（见图8－1），也可以是开槽式的（见图8－2），也可以专门设计以满足特殊用途的需要。

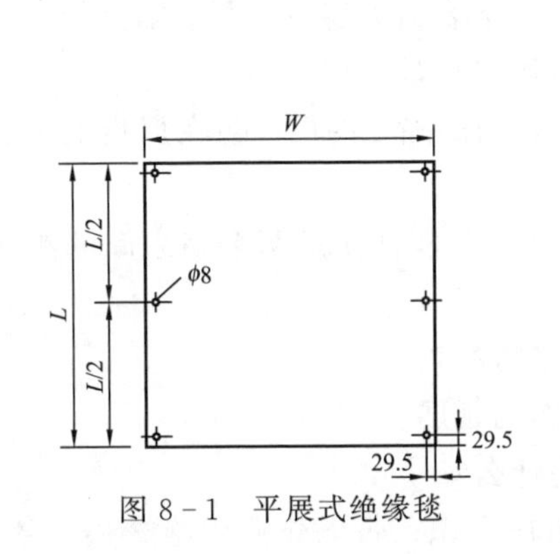

图8－1　平展式绝缘毯

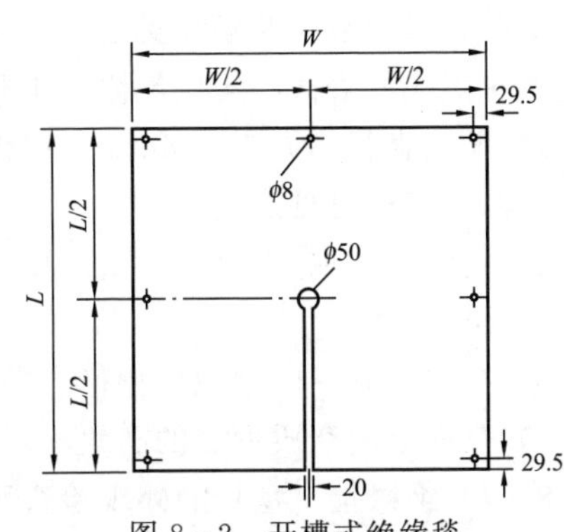

图8－2　开槽式绝缘毯

（2）尺寸。绝缘毯尺寸及允许误差见表8－5。

表8－5　绝缘毯尺寸及允许误差

尺　寸*			
平　展　式		开　槽　式	
长度 L（mm）	宽度 W（mm）	长度 L（mm）	宽度 W（mm）
910	305	—	—
560	560	560	560
910	690	910	910
910	910	—	—
2280	910	1160	1160

* 除了1160×1160开槽式绝缘毯外，允许误差均为±15mm；开槽式1160×1160绝缘毯的允许误差为±25mm。

（3）厚度。

1）为了有合适的柔软度，绝缘毯的最大厚度规定见表8－6。

表8－6　绝缘毯的最大厚度（mm）

级　别	0	1	2	3
橡胶类材料绝缘毯	2.2	3.6	3.8	4.0
塑胶类材料绝缘毯	1.0	1.5	2.0	—

2）最小厚度不予限定，但必须通过DL/T 803—2015《带电作业用绝缘毯》所规定的试验。

3）A、H、M、S类和Z类绝缘毯所需增加的额外厚度不应超过0.6mm。

（4）工艺及成型。绝缘毯上、下表面不应存在破坏均匀性、损坏表面光滑轮廓的有害不规则缺陷，如小孔、裂纹、局部隆起、切口、夹杂导电异物、折缝、空隙、凹凸波纹及模压标志等。绝缘上、下表面无害不规则缺陷是指在生产过程中形成的表面不规则缺陷。下列不规则缺陷是可接受的：

1）凹陷直径不大于1.6mm，边缘光滑，当凹陷处的反面包在拇指上扩展时，正面不应有可见痕迹。

2）绝缘毯上如a）中描述的凹陷在5个以下，且任意两个陷之间的距离大于15mm。

3）当拉伸时，凹槽或模型标志趋向于平滑的表面。

4）表面上由杂质形成的凸块不影响材料的延展。

8-7　绝缘垫（毯）的外观检查要求是什么？

答：普通绝缘胶垫应有明显等级和制造厂标识；带电作业用绝缘垫（毯）应有明显的双三角符号、等级和制造厂标识。上下表面应不存在有害的不规则性。有害的不规则性是指下列特征之一：破坏均匀性、损坏表面光滑轮廓的缺陷，如小孔、裂缝、局部隆起、切口、夹杂导电异物、折缝、空隙、凹凸波纹及铸造标志等。应按相关标准进行厚度检查，在整个垫（毯）面上随机选择5个以上不同的点进行测量和检查。测量时，使用千分尺或同样精度的仪器进行测量。千分尺的精度应在0.02mm以内，测钻的直径为6mm，平面压脚的直径为（3.17±0.25）mm，压脚应能施加（0.83±0.03）N的压力。绝缘垫（毯）应平展放置，以使千分尺测量面之间是平滑的。

8-8　绝缘垫（毯）的预防性试验要求是什么？

答：普通绝缘胶垫和带电作业用绝缘垫（毯）的预防性试验项目为交流耐压试验，普通绝缘胶垫的试验周期为1年，带电作业用绝缘垫（毯）的试验周期为6个月。

8-9　绝缘垫（毯）的交流耐压试验要求是什么？

答：适用于0、1、2级带电作业用绝缘垫（毯）和普通绝缘胶垫的电极应是约5mm厚的矩形金属极板，极板边角应具有光滑的边缘。下极板的尺寸应大于所测绝缘垫（毯）的尺寸，上极板与下极板之间的绝缘距离应满足表8-7中对电极间隙的规定。6mm左右厚的导电橡胶（泡沫）或潮湿的海绵放置在极板与试品之间，试验布置见图8-3。

表 8-7　　绝缘垫（毯）电极间隙

绝缘垫级别	0 级及 1 级	2 级	3 级及普通绝缘胶垫
电极间隙（mm）	80	150	200

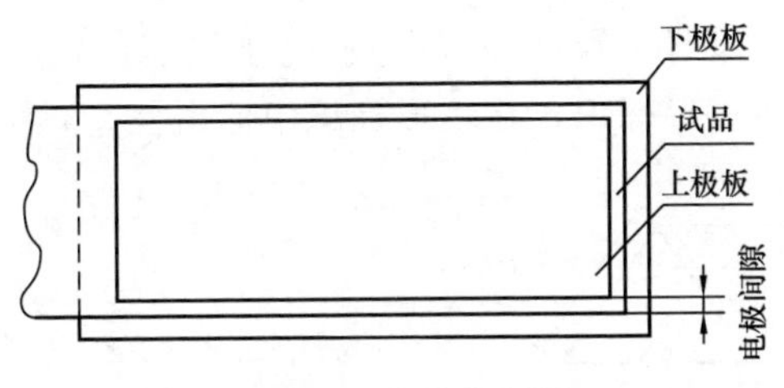

图 8-3　试验布置图

对于 3 级绝缘垫（毯），一个厚度为 3～5mm、中空为 762mm×762mm、边长为 1270mm×1270mm 耐热型有机玻璃板置放在接地金属板上，导电橡胶或潮湿的海绵置放入玻璃板的中空部分，再把被试绝缘垫（毯）置放其上，试验电压施加在绝缘垫（毯）上部的金属极板上，试验布置见图 8-4。

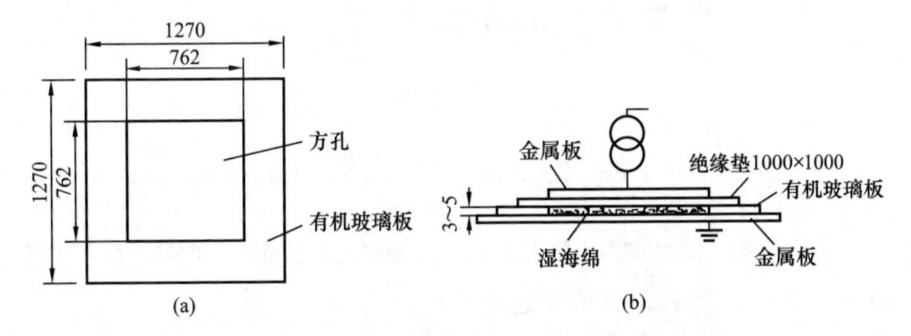

图 8-4　用于 3 级绝缘垫（毯）的电极布置
(a) 中空玻璃板；(b) 电极布置图

试验电压从较低值开始上升，并以 1000V/s 的速度逐渐升压，直至达到表 8-8 规定的试验电压或绝缘垫（毯）发生击穿。试验时间从达到规定的试验电压的时刻开始计算。电压持续时间为 1min。如试验无电晕发生、无闪络、无击穿、无明显发热，则试验通过。

表 8-8　　绝缘垫（毯）试验电压

级　　别	普通绝缘胶垫		带电作业用绝缘垫（毯）			
			0	1	2	3
电压等级（kV）	高压	低压	0.4	3	6、10	20
试验电压（kV）	15	3.5	5	10	20	30

分段试验时，段间的试验边缘应重叠。

8-10　带电作业用绝缘垫（毯）的标识要求是什么？

答：带电作业用绝缘垫（毯）的标识要求如下：

（1）绝缘垫（毯）上应有如下标识：符号（双三角形）（图 8-5）；制造厂或商标；种类、型号（长度和宽度）；电压级别；生产日期。另外，在绝缘垫（毯）上应有一矩形标识，在矩形标识中标出检验周期和检测日期。

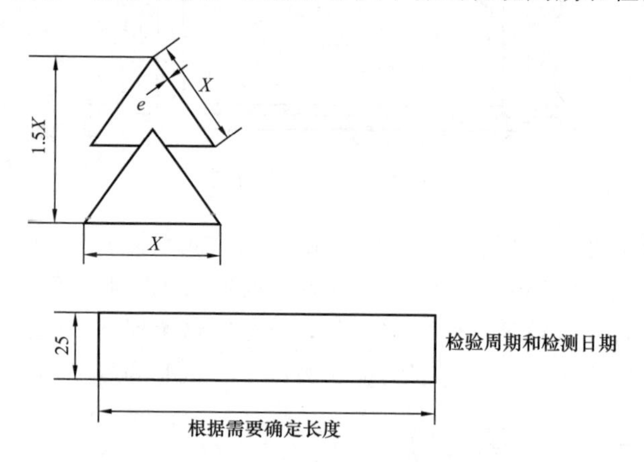

图 8-5　绝缘垫（毯）标识符号

注：1. 长度单位为 mm。

2. 尺寸说明：X—可以是 16、25 或 40；e—线条的宽度，2mm。

（2）在使用彩色标识时，符号的颜色要符合下面的规则：0 级—红色；1 级—白色；2 级—黄色；3 级—绿色。

8-11　带电作业用绝缘垫（毯）的包装要求是什么？

答：绝缘垫（毯）应逐一包装在有足够强度的包装袋里，不允许折叠和挤压，以避免损坏。

绝缘垫（毯）的包装袋中应附有检验报告合格证及使用说明书，包装袋的外面应印有制造厂名称、产品名称、种类、等级、分类、型号和数量。

8-12　带电作业用绝缘垫（毯）的储存要求是什么？

答：绝缘垫（毯）应储存在专用箱内，避免阳光直射、雨雪浸淋，防止挤压和尖锐物体碰撞。

禁止绝缘垫（毯）与油、酸、碱或其他有害物质接触，并距离热源 1m 以上。储存环境温度宜为 10～21℃。

8-13　带电作业用绝缘垫（毯）的维护和使用要求是什么？

答：带电作业用绝缘垫（毯）的维护和使用要求如下：

（1）使用前测试。每次使用前都要对每张绝缘垫（毯）的上下表面进行外观检查。如果发现绝缘垫（毯）存在可能影响安全性能的缺陷，如出现割裂、破损、厚度减薄等不足以保证绝缘性能情况时，应禁止使用，及时更换。

（2）温度。绝缘垫（毯）应使用于环境温度介于－25～＋70℃的区域，而C型绝缘垫（毯）使用的环境温度介于－40～＋55℃的区域。

（3）使用中的保护。绝缘垫（毯）应避免不必要地暴露在高温、阳光下，也要尽量避免和机油、油脂、变压器油、工业乙醇以及强酸、强碱物体接触，应避免尖锐物体刺、划。

当绝缘垫（毯）脏污时，可在不超过制造厂推荐的水温下对其用肥皂进行清洗，再用滑石粉让其干燥。如果绝缘垫（毯）粘上了焦油和油漆，应该马上用适当的溶剂对受污染的地方进行擦拭，应避免溶剂使用过量。汽油、石蜡和纯酒精可用来清洗焦油和油漆。

对潮湿的绝缘垫（毯）应进行干燥处理，但干燥处理的温度不能超过65℃。

8-14　《安规》对使用绝缘垫有哪些规定？

答：DL 5009.1—2014《电力建设安全工作规程　第1部分：火力发电》中有关规定：

4.6.5的7 起重机上应配备合格有效的灭火装置。操作室内应铺绝缘垫，不得存放易燃物品。

4.7.4的8 使用Ⅰ类可携式或移动式电动工具时，必须戴绝缘手套或站在绝缘垫上；移动工具时，不得手提电线或工具的转动部分。

4.13.1的16中3）工所穿衣服、鞋、帽等必须干燥，脚下应垫绝缘垫。

5.2.4的17中1）使用前检查应无漏电，操作时应站在绝缘垫上并戴绝缘手套。

5.2.5的6中3）操作时应戴防护眼镜及手套，并站在橡胶绝缘垫或木板上。工作棚应用防火材料搭设，棚内严禁堆放易燃易爆物品，并应备有灭火器材。

6.3.2的14中2）了解盘内带电系统的情况。穿戴好工作服、工作帽、绝缘鞋和绝缘手套并站在绝缘垫上。

6.4.5的4 工作台前应铺设绝缘垫。

6.4.7的9中1）作业人员所穿戴的工作服、鞋、帽等必须干燥，作业时应使用绝缘垫。

7.4.2的5 试验电源应按电源类别、相别、电压等级合理布置，并设明显标志。试验台上及地面应铺设绝缘垫。

DL 5009.2—2013《电力建设安全工作规程　第2部分：电力线路》中有关规定：

3.4.15的4 雪天不得露天电焊作业。在潮湿地带作业时，操作人员应站位于绝缘垫上方，并穿绝缘鞋。

7.9.3 的 2 牵引设备和张力设备应阿靠接地。操作人员应站在干燥的绝缘垫上并不得与未站在绝缘垫上的人员接触。

9.3.15 新旧电缆对接，锯电缆前应与图纸核对是否相符，并使用专用仪器确认电缆无电后，用接地的带绝缘柄的铁钎钉入电缆芯后，方可工作。扶柄人应戴绝缘手套、站在绝缘垫上，并采取防灼伤措施。

8-15　绝缘台的作用是什么？

答：绝缘台是一种用在电力装置上作为带电工作时的辅助安全用具，其作用是使人体在操作时与地面保持绝缘，可防护跨步电压。

8-16　绝缘台的式样及规格有哪些？

答：绝缘台的台面应选用绝缘板材或用干燥、木纹直且无节疤的木板或木条拼成，相邻板条留有一定的缝隙，以便于检查绝缘台支持绝缘子是否有损坏。台面板四脚用支持绝缘子与地面绝缘并作台脚之用。绝缘台最小尺寸不宜小于 0.8m×0.8m，最大尺寸不宜超过 1.5m×1.5m。台面板条间距不宜大于 2.5cm，以免鞋跟陷入。绝缘子高度不得小于 10cm，台面板边缘不得伸出绝缘子以外，以免绝缘台倾翻，使作业人员摔倒。为增加绝缘台的绝缘性能，台面木板（木条）应涂绝缘漆，如图 8-6 所示。

8-17　绝缘台的试验要求是什么？

答：绝缘台一般 3 年试验 1 次。

（1）试验标准。对绝缘台加交流电压 40kV，持续时间为 2min。

（2）试验接线及方法。对绝缘台整体进行交流耐压试验，试验接线见图 8-7。将电压加在绝缘台的上下部分之间，绝缘台台面部分接在试验变压器的高压侧；缓慢调节电压直至升到试验电压为止，并持续 2min；在试验过程中若发现有跳火花情况或试后除去电压后用手摸试绝缘子有发热现象时，则为不合格。

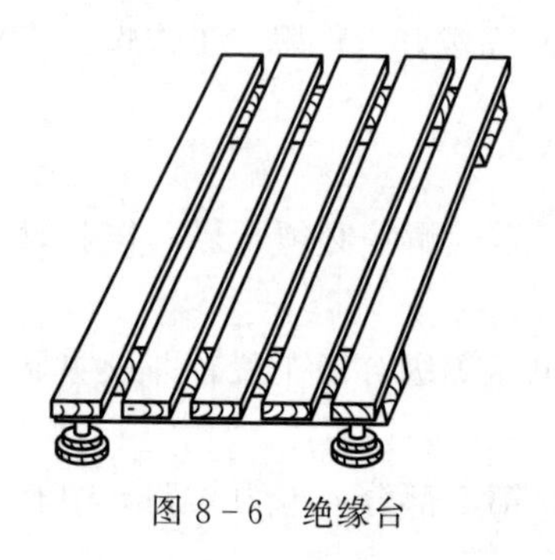

图 8-6　绝缘台

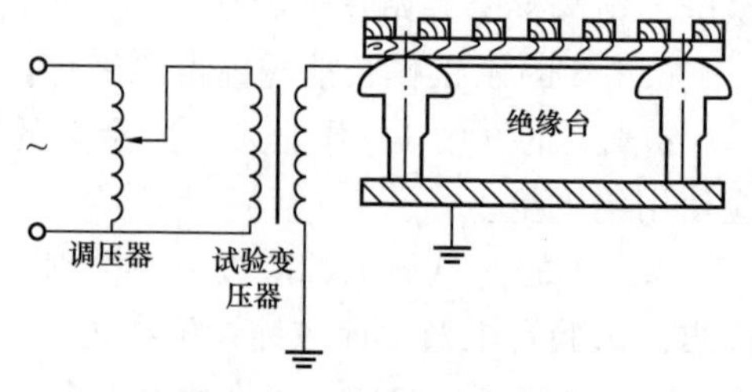

图 8-7　绝缘台试验接线

8－18　绝缘台的使用、保管注意事项是什么？

答：绝缘台的使用、保管注意事项如下：

（1）绝缘台多用于变电站和配电室内。如用于户外，应将其置于坚硬的地面，不应放在松软的地面或泥草中，以避免台脚陷入泥土中而降低绝缘性能。

（2）绝缘台的台脚绝缘子应无裂纹、破损，木质台面要保持干燥清洁。

（3）绝缘台使用后应妥善保管，不得随意登、踩或作板凳坐用。

8－19　《安规》对使用绝缘台的规定有哪些？

答：《国家电网公司电力安全工作规程（变电站和发电厂电气部分）》规定："2.3.6.6 装卸高压熔断器，应戴护目眼镜和绝缘手套，必要时使用绝缘夹钳，并站在绝缘垫或绝缘台上。"

8－20　绝缘遮蔽罩的作用是什么？

答：绝缘遮蔽罩是由绝缘材料制成、用于遮蔽带电导体或非带电导体的保护罩，如图 8－8 所示。

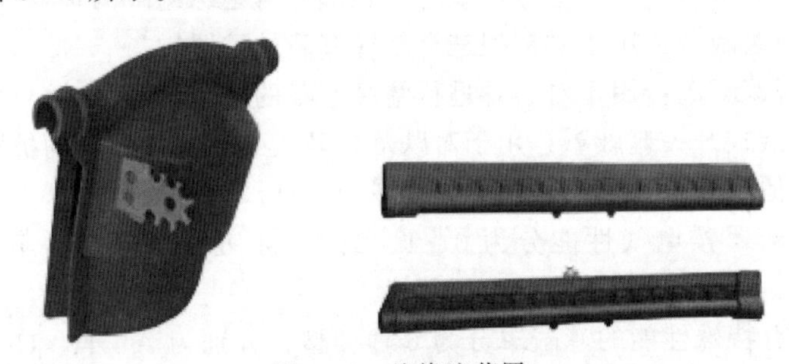

图 8－8　绝缘遮蔽罩

在带电作业用具中，遮蔽罩不能起主绝缘作用，它只适用于电压等级 10kV 及以下电力设备上进行带电作业，带电作业人员发生意外短暂碰撞时，即擦过接触时，起绝缘遮蔽或隔离的保护作用，防止作业人员与带电体发生直接碰触。

8－21　绝缘遮蔽罩的材料有哪些？

答：绝缘遮蔽罩可采用环氧树脂材料、塑料材料、橡胶材料及聚合材料等绝缘材料制成。如果使用表面经过加工处理（如加涂防潮涂料等）的绝缘材料，应加以说明。

8－22　绝缘遮蔽罩的类型有哪些？

答：根据遮蔽对象的不同，遮蔽罩可以为硬壳型、软型或变形型，也可以为定型的或平展型的。

（1）根据遮蔽罩的不同用途，可分为以下几种类型：

1）导线遮蔽罩：用于对导线进行绝缘遮蔽的护罩，如图 8－9 所示。

2）针式绝缘子遮蔽罩：用于对针式绝缘子进行绝缘遮蔽的护罩。

3）耐张装置遮蔽罩：用于对耐张绝缘子、线夹、拉板金具等进行绝缘遮蔽的护罩，如图 8－10 所示。

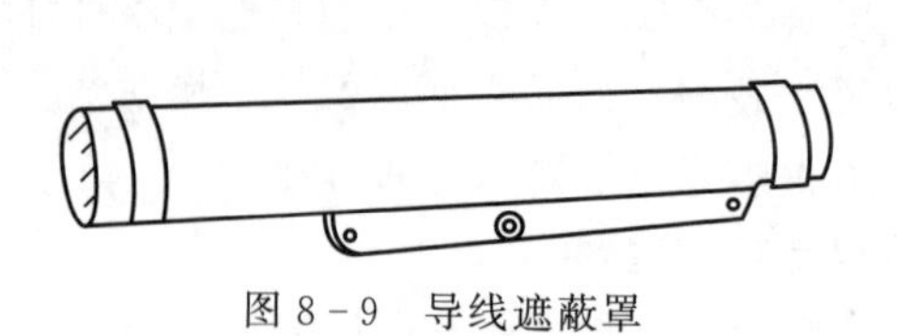

图 8－9　导线遮蔽罩

图 8－10　耐张装置遮蔽罩

4）悬垂装置遮蔽罩：用于对悬垂绝缘子、线夹、金具进行绝缘遮蔽的护罩。

5）线夹遮蔽罩：用于对线夹进行绝缘遮蔽的护罩。

6）棒形绝缘子遮蔽罩：用于对棒形绝缘子进行绝缘遮蔽的护罩。

7）电杆遮蔽罩：用于对电杆或电杆顶部进行绝缘遮蔽的护罩。

8）横担遮蔽罩：用于对横担进行绝缘遮蔽的护罩。

9）套管遮蔽罩：用于对套管进行绝缘遮蔽的护罩。

10）跌落式开关遮蔽罩：用于对跌落式开关进行绝缘遮蔽的护罩。

11）其他遮蔽罩：可根据被遮物体专门设计。

（2）遮蔽罩按电气性能分为 0、1、2、3、4 五级，分别适用于 0.4、3、10（6）、20、35kV 的系统不同电压等级。

（3）具有特殊性能的遮蔽罩分为 6 种类型，分别为 A、H、C、W、Z、P 型，分别对应耐酸、耐油、耐低温、耐高温、耐臭氧、耐潮。

8－23　遮蔽罩的技术要求是什么？

答：遮蔽罩的技术要求如下：

（1）形状和尺寸。遮蔽罩的尺寸和形状应和被遮蔽对象相配合。对于以多个遮蔽罩组成的绝缘遮蔽系统，每个遮蔽罩应便于相互组装、相互连接，在其保护区域内应不出现间隙。

（2）厚度。遮蔽罩的最小厚度不予限定，但必须通过标准规定的试验。

（3）操作定位装置。应在遮蔽罩上有一个操作定位装置，以便可以使用合适的工具来安装和拆卸遮蔽罩。

（4）防脱落装置。为保证遮蔽罩不会由于风吹、导线移动等原因而从它所遮蔽的部分脱落下来，应在遮蔽罩上安装一个或几个锁定装置，闭锁部件应便于闭锁或开启，闭锁部件的闭锁和开启应能用绝缘杆来操作。

（5）通用性。在同一绝缘遮蔽组合中，各个遮蔽罩之间相互连接的端部必须可通用。

（6）工艺及成型。遮蔽罩内外表面不应存在有害的不规则性。有害的不规则性是指下列特征之一：破坏其均匀性、损坏表面光滑轮廓的缺陷，如小孔、裂缝、局部隆起、切口、夹杂导电异物、折缝、空隙等。

8-24　导线软质遮蔽罩的类型有哪些？

答：导线软质遮蔽罩是采用橡胶类和软质塑料类等柔性绝缘材料制成，用于对导线进行绝缘遮蔽的护罩。一般可分为直管式、带接头的直管式、下边缘延裙式、带接头的下边缘延裙式、自锁式5种类型，如图8-11所示。也可以为专门设计以满足特殊用途需要的其他类型。

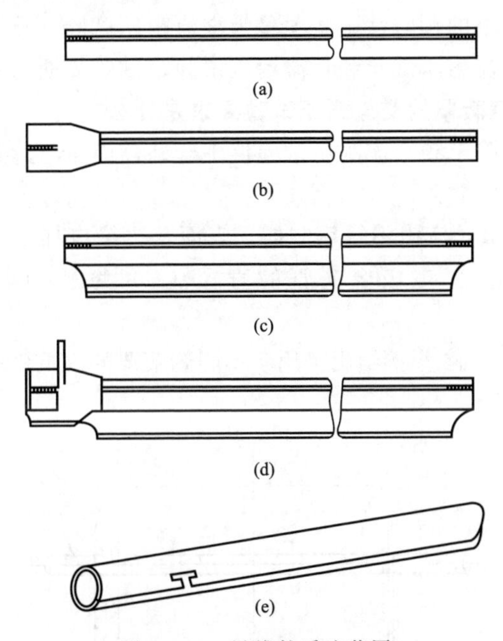

图8-11　导线软质遮蔽罩
(a) 直管式；(b) 带接头的直管式；
(c) 下边缘延裙式；(d) 带接头的下边缘延裙式；(e) 自锁式

8-25　导线软质遮蔽罩的尺寸要求是什么？

答：导线软质遮蔽罩尺寸及允许误差见表8-9。

表8-9　　导线软质遮蔽罩尺寸及允许误差（mm）

类型	内径	长度
a、b、c、d	6、16、25、32、40、50和63	915、1375、1820
e	22	依用户要求而定
f	依设计而定	依设计和用户要求而定

注　内径允许误差为±2mm，长度允许误差为±150mm，接头允许误差为±15mm。

导线软质遮蔽罩的最小厚度不予限定，但必须通过DL/T 880《带电作业用导线软质遮蔽罩》所规定的试验。

8-26 绝缘遮蔽罩外观检查的要求是什么?

答：遮蔽罩的保护区应有清晰、明显且牢固的标记。遮蔽罩内外表面不应存在破坏其均匀性，损坏表面光滑轮廓的缺陷，如小孔、裂缝、局部隆起、切口、夹杂导电异物、折缝、空隙及凹凸波纹等。提环、孔眼、挂钩等用于安装的配件应无破损。闭锁部件应开闭灵活，闭锁可靠。尺寸应符合相关标准要求。

8-27 绝缘遮蔽罩的预防性试验要求是什么?

答：绝缘遮蔽罩的预防性试验项目为交流耐压试验，导线软质遮蔽罩的预防性试验项目为交流耐压试验和直流耐压试验，试验周期为 6 个月。

8-28 绝缘遮蔽罩的交流耐压试验要求是什么?

答：试验设备除工频交流耐压试验仪 1 套外，尚需与遮蔽罩类型相一致的内电极若干。

内电极为高压极，应由不锈钢制成，表面及边缘应加工光滑，其边缘曲率半径为（1±0.5）mm。电极金属管的直径（E）为：6/10kV 为 4mm，35kV 为 6.5mm。

图 8-12～图 8-14 举例给出了用于不同遮蔽罩的内电极的组装和使用（单位为 mm）。

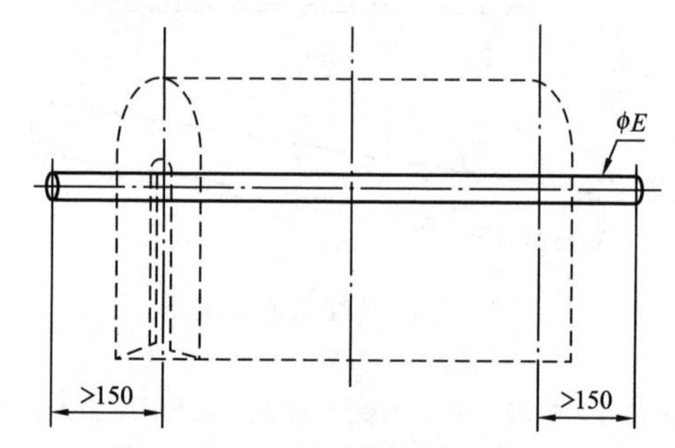

图 8-12 硬质导线遮蔽罩的电极

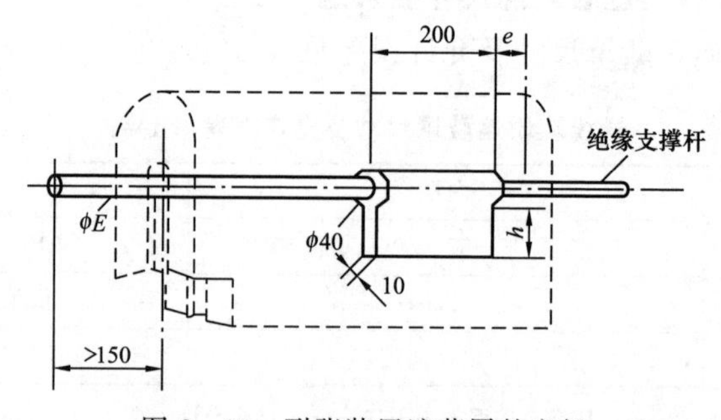

图 8-13 耐张装置遮蔽罩的电极

注：6/10kV：e=240mm，h=120mm；35kV：e=320mm，h=160mm。

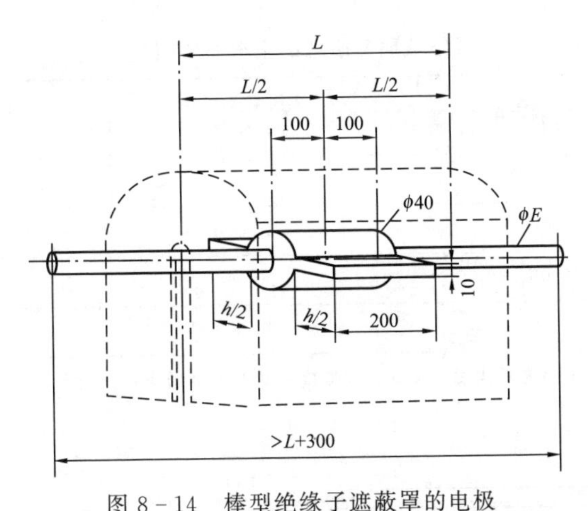

图 8-14 棒型绝缘子遮蔽罩的电极

L—遮蔽罩的总长度；h—6110kV 时，为 120mm；35kV 时，为 160mm

外电极为接地电极，由金属箔制成。电极边缘应圆滑并能与遮蔽罩很好地套合，不会使外电极刺入或划伤遮蔽罩。将外电极套在遮蔽罩的外表面，其边缘距内电极的距离为：6/10kV 为 135mm；35kV 为 1180mm。

内外电极布置并连接完毕后，试验电压值从 0 开始并以 1000V/s 的速率增长到表 8-10 的规定值，电压持续时间为 1min，如试验中无电晕发生、无闪络、无击穿，无明显发热，则试验通过。

表 8-10　　试 验 电 压 (V)

级别	额定电压	交流耐受电压（有效值）
0	380	5000
1	3000	10 000
2	6000、10 000	20 000
3	20 000	30 000
4	35 000	50 000

8-29　导线软质遮蔽罩的交流耐压和直流耐压试验要求是什么？

答：对导线软质遮蔽罩进行交、直流耐压试验时，加压时间保持 1min，其电气性能应符合表 8-11 的规定。以无电晕发生、无闪络、无击穿、无明显发热为合格。试验电极和试验布置见图 8-15。

表 8-11　　导线软质遮蔽罩的电气特性（V）

级别	额定电压	交流耐受电压（有效值）	直流耐受电压（平均值）
0*	380	5000	5000*
1	3000	10 000	30 000
2	6000、10 000	20 000	35 000
3	20 000	30 000	50 000

* 对于0级c类（下边缘延裙式）和d类（带接头的下边缘延裙式）两个类别的直流耐受试验时加压值为10 000V。

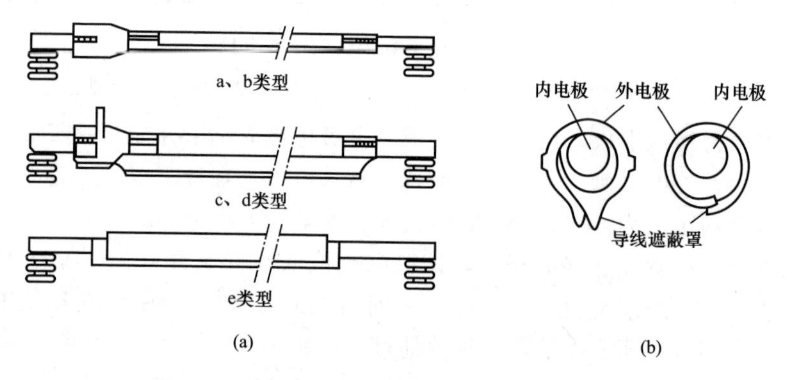

图 8-15　导线软质遮蔽罩交流耐压试验电极图
(a) 导线软质遮蔽罩类型；(b) 导线软质遮蔽罩试验电极剖面示意图

8-30　绝缘遮蔽罩的标识要求是什么？

答：绝缘遮蔽罩的标识包括产品标识和包装标识要求：

(1) 产品标识。

1) 遮蔽罩标识如图 8-16 所示：制造厂名、商标、型号及制造日期等信息在“1”中标明；检验周期和检测日期在“2”中标明；X 可以是 16、25 或 40，$Y=X/2$，单位为 mm；e 为线条的宽度 2 mm；L 为根据需要确定长度。

2) 标识应能持久，并且不损害遮蔽罩的质量。标志的持久性试验用经过肥皂水浸泡的软麻布擦 15s，然后再用酒精浸泡过的软麻布擦 15s。试验结束时标志仍应清晰。

3) 导线软质遮蔽罩的标识要求。导线软质遮蔽罩上应有如下标识：符号（双三角形）（图 8-16）、制造厂或商标、种类、型号（长度和宽度）、电压级别、生产日期。另外，在遮蔽罩上应有一矩形标识，在矩形标识中标出检验周期和检测日期。在使用彩色标识时，符号的颜色要符合下面的规则：0 级—红色、1 级—白色、2 级—黄色、3 级—绿色。

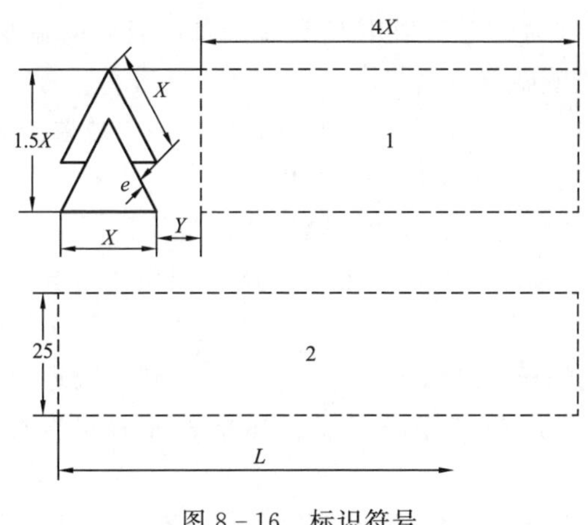

图 8－16　标识符号

(2) 包装标识。产品应放在专用包装袋（箱）内，包装袋（箱）外部应标明：商标、制造厂名称、厂址；产品名称；防潮、防高温、防雨淋等标识；出厂日期。

8－31　绝缘遮蔽罩的包装和运输要求是什么？

答：遮蔽罩的包装和运输要求如下：

(1) 产品应放在专用包装袋（箱）内。内包装袋可采用密封塑料袋，密封塑料袋内必须装有合格证，合格证上必须标明：制造厂名称、厂址；产品规格、型号；检验员印记；技术检验部门印记；生产批号或生产班组；制造日期。

(2) 产品运输中应防止受潮、淋雨、曝晒等，内包装运输袋可采用塑料袋，外包装运输袋可采用帆布袋或专用皮（帆布）箱。

8－32　绝缘遮蔽罩的储存要求是什么？

答：绝缘遮蔽罩应放在满足标准规定的带电作业工具房内，应放在干燥、通风、避免阳光直晒、无腐蚀及有害物质的位置，并与热源保持 1m 以上的距离。储藏时要防止挤压遮蔽罩，禁止储藏在蒸汽管、散热管或其他人造热源及臭氧源附近。禁止储藏在阳光、灯光或其他光源直射的条件下。

8－33　绝缘遮蔽罩的使用要求是什么？

答：绝缘遮蔽罩的使用要求如下：

(1) 使用前的测试。在使用前，应对每个遮蔽罩内外表面进行外观检查和清洁。必要时，可用纱布清洁遮蔽罩表面，应对定位装置和闭锁装置进行检测。如果发现遮蔽罩存在可能影响安全性能的缺陷，如切痕、小孔、裂纹或损伤等，应禁止使用。

(2) 温度。当环境温度为－25～＋55℃时，建议使用普通遮蔽罩；当环境温度为－40～＋55℃时，建议使用C类遮蔽罩；当环境温度为－10～＋70℃时，建议使用W类遮蔽罩。

（3）绝缘罩使用后应擦拭干净，装入包装袋内，放置于清洁、干燥通风的架子或专用柜内，上面不得堆压任何物件。

8-34 《安规》对使用绝缘遮蔽罩的规定是什么？

答：Q/GDW 1799.2—2013《国家电网公司电力安全工作规程 线路部分》中有关规定：

14.4.1.4 绝缘隔板和绝缘罩应存放在室内干燥、离地面200mm以上的架上或专用的柜内。使用前应擦净灰尘。如果表面有轻度擦伤，应涂绝缘漆处理。

14.4.2.4 绝缘隔板和绝缘罩：绝缘隔板和绝缘罩只允许在35kV及以下电压的电气设备上使用，并应有足够的绝缘和机械强度。用于10kV电压等级时，绝缘隔板的厚度不应小于3mm，用于35kV电压等级不应小于4mm。现场带电安放绝缘隔板及绝缘罩时，应戴绝缘手套、使用绝缘操作杆，必要时可用绝缘绳索将其固定。

15.2.1.14 在10kV跌落式熔断器与10kV电缆头之间，宜加装过渡连接装置，使工作时能与跌落式熔断器上桩头有电部分保持安全距离。在10kV跌落式熔断器上桩头有电的情况下，未采取安全措施前，不准在熔断器下桩头新装、调换电缆尾线或吊装、搭接电缆终端头。如必须进行上述工作，则应采用专用绝缘罩隔离，在下桩头加装接地线。作业人员站在低位，伸手不准超过熔断器下桩头，并设专人监护。

上述加绝缘罩工作应使用绝缘工具。雨天禁止进行以上工作。

8-35 绝缘隔板的作用是什么？

答：绝缘隔板是由绝缘材料制成，用于隔离带电部件、限制工作人员活动范围、防止他们接近高压带电部分的绝缘平板。绝缘隔板又称绝缘挡板，一般应具有很高的绝缘性能，它可与35kV及以下的带电部分直接接触，起临时遮栏作用，如图8-17所示。

当停电检修设备时，如果邻近有带电设备，应在两者之间放置绝缘隔板，以防止检修人员接近带电设备。

在母线带电时，若分路断路器停电检修，在该开关断开的母线侧隔离开关闸口的动、静触头之间放置绝缘隔板，防止刀闸由于机械故障或自重而自动下落，导致向停电检修部分误送电。

装拆绝缘隔板时应与带电部分保持一定距离（符合安全规程的要求），或者使用绝缘工具进行装拆。

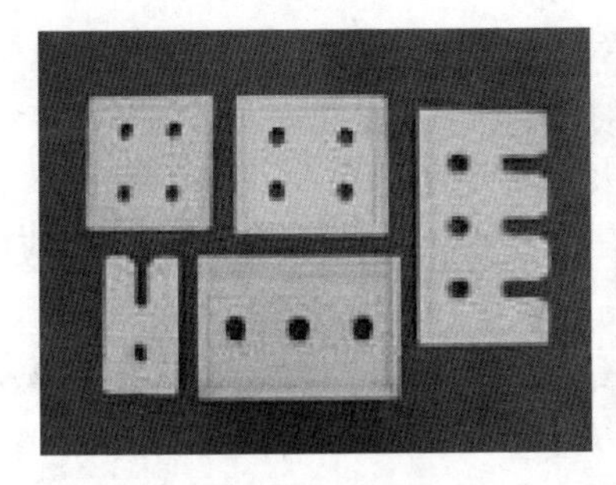

图 8－17　绝缘隔板

8－36　绝缘隔板的规格有哪些?

答：绝缘隔板一般用环氧玻璃丝板制成，用于 10kV 电压等级的绝缘隔板厚度不应小于 3mm，用于 35kV 电压等级的绝缘隔板厚度不应小于 4mm。

8－37　绝缘隔板的外观检查要求是什么?

答：绝缘隔板标识清晰，无老化、裂纹或孔隙现象。

8－38　绝缘隔板的预防性试验要求是什么?

答：绝缘隔板的预防性试验项目包括表面工频耐压试验和工频耐压试验，试验周期为 1 年。

8－39　绝缘隔板的表面工频耐压试验要求是什么?

答：70mm×30mm×3mm 金属板电极 2 块，电极应由不锈钢制成，表面及边缘应光滑，其边缘曲率半径为 (1±0.5)mm。

两电极之间相距 300mm。在两电极间施加工频电压 60kV，持续时间 1min，试验过程中不应出现闪络或击穿，试验后，试样各部分应无灼伤，无发热现象。

采用平移电极的方式使耐压范围覆盖整个表面。

8－40　绝缘隔板的工频耐压试验要求是什么?

答：在待试验的绝缘隔板两面铺上用湿布或金属箔制成的极板，两极板与隔板的边缘距离均应满足表 8－12 的规定。

表 8－12　　　　绝缘隔板试验要求

电压等级 (kV)	电极与隔板边缘的距离 (mm)	试验电压 (kV)	时间 (min)
6～10	200	30	1
35	300	80	1

在极板上安置高压电极和接地极，然后按表 8－12 中的规定加压试验，试验中，试品不应出现闪络和击穿，试验后，试样各部位应无灼伤、无发热现象。

8－41　绝缘隔板的使用及保管要求有哪些？

答：绝缘隔板的使用及保管要求如下：

（1）绝缘隔板只允许在35kV及以下电压的电气设备上使用，并应有足够的绝缘和机械强度。用于10kV电压等级时，绝缘隔板的厚度不应小于3mm，用于35kV电压等级时不应小于4mm。

（2）使用绝缘隔板前，应检查绝缘隔板是否完好，端面是否有分层或开裂现象，是否超过有效试验期。

（3）使用绝缘隔板前，应先擦净绝缘隔板的表面，保持表面洁净。

（4）现场放置绝缘隔板时，应戴绝缘手套；如在隔离开关动、静触头之间放置绝缘隔板时，应使用绝缘棒。

（5）绝缘隔板在放置和使用中要防止脱落，必要时可用绝缘绳索将其固定并保证牢靠。

（6）绝缘隔板应使用尼龙等绝缘挂线悬挂，不能使用胶质线，以免在使用中造成接地或短路。

（7）绝缘隔板应统一编号，存放在室内干燥通风的地方或放在专用的工具架上或柜内。

8－42　《安规》对使用绝缘隔板的规定有哪些？

答：Q/GDW 1799.2—2013《国家电网公司电力安全工作规程　线路部分》中有关规定：

6.6.2 进行地面配电设备部分停电的工作，人员工作时距设备小于表1安全距离以内的未停电设备，应增设临时围栏。临时围栏与带电部分的距离，不准小于表2的规定。临时围栏应装设牢固，并悬挂“止步，高压危险!”的标识牌。

35kV及以下设备可用与带电部分直接接触的绝缘隔板代替临时遮栏。绝缘隔板绝缘性能应符合附录L的要求。

14.4.1.4 绝缘隔板和绝缘罩应存放在室内干燥、离地面200mm以上的架上或专用的柜内。使用前应擦净灰尘。如果表面有轻度擦伤，应涂绝缘漆处理。

14.4.2.4 绝缘隔板和绝缘罩：绝缘隔板和绝缘罩只允许在35kV及以下电压的电气设备上使用，并应有足够的绝缘和机械强度。用于10kV电压等级时，绝缘隔板的厚度不应小于3mm，用于35kV电压等级不应小于4mm。现场带电安放绝缘隔板及绝缘罩时，应戴绝缘手套、使用绝缘操作杆，必要时可用绝缘绳索将其固定。

8－43　实际中使用绝缘隔板的事故案例。

答：1988年8月12日，某变电站值班人员，在10kV分路开关母线侧的隔离开关动、静触头之间放置绝缘隔板时，拴挂绝缘隔板的胶质线碰到 10kV 母线，造成相间短路，10kV 主断路器跳闸，见图 8－18。

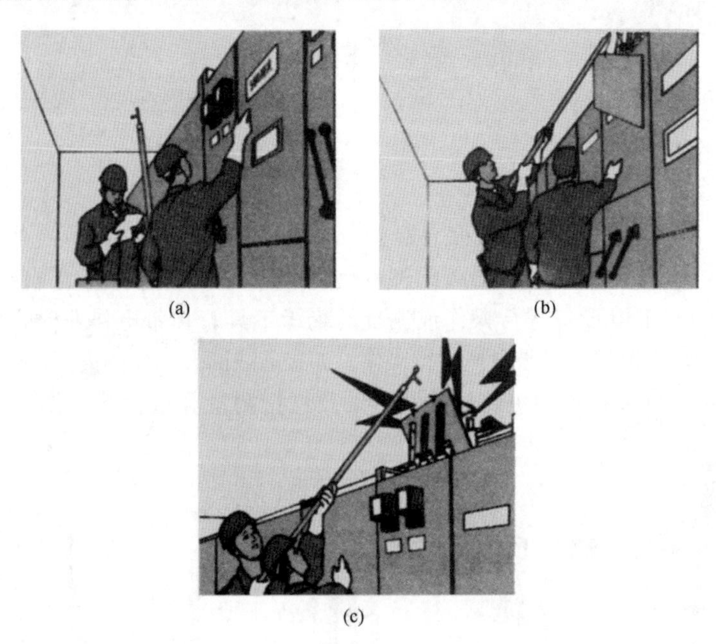

图 8－18　绝缘隔板实际应用事故案例

（a）拉开开关；（b）插入绝缘隔板；（c）母线相间短路

第九章

触 电 防 护

9－1　绝缘操作杆的作用是什么？

答：绝缘操作杆是带有端头配件的泡沫填充绝缘管或棒等合成材料制成、用于短时间对带电设备进行操作或测量的绝缘工具。在带电作业时，作业人员手持其末端，用前端接触带电体进行操作，如接通或断开高压隔离开关、跌落式熔断器，安装和拆除携带型短路接地线，以及进行测量和试验等工作，如图 9－1 所示。

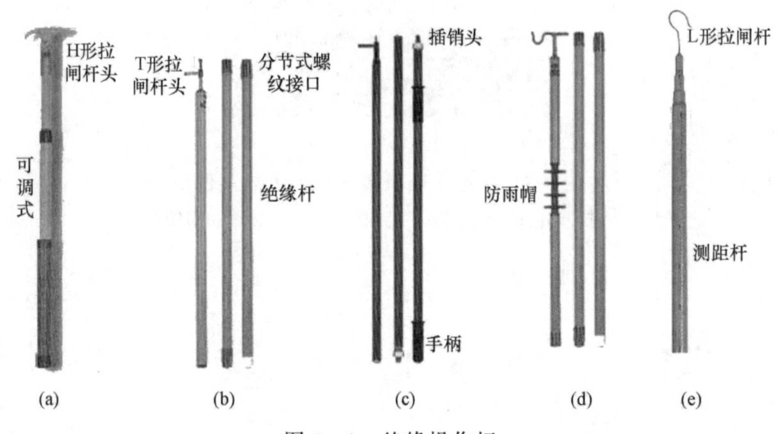

图 9－1　绝缘操作杆

(a) H 形拉闸杆头可调式绝缘杆；(b) T 形拉闸杆头分节式螺纹接口绝缘杆；(c) T 形拉闸杆头插销式绝缘杆；(d) 全天候式绝缘杆；(e) 测高标杆式绝缘杆

9－2　绝缘操作杆结构及规格是什么？

答：绝缘操作杆由工作部分、绝缘部分和握手部分构成，其结构见图 9－2。

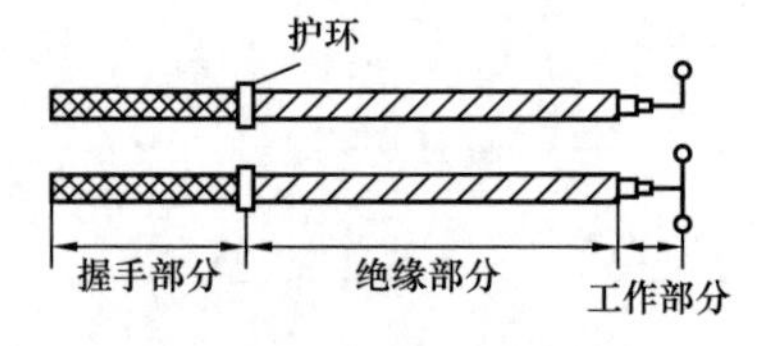

图 9－2　绝缘操作杆结构图

(1) 绝缘操作杆的工作部分一般用金属制成，用来直接接触带电设备。根据工作的需要，工作部分可做成不同的样式，装在杆的顶端。工作部分的长度在满足工作需要的情况下，应该尽量做得短些，一般不超过 10cm，以避免由于过长而在操作中造成相间短路或接地短路。

（2）绝缘操作杆的绝缘部分用于绝缘隔离，一般由合成材料制成，根据电压等级的不同，绝缘杆的最短有效绝缘长度不应小于表 9－1 中所列的数值。

表 9－1　　绝缘操作杆的长度要求

电压等级（kV）	最短有效绝缘长度（m）	端部金属接头长度（m）	手持部分长度（m，不小于）
10	0.70	≤0.10	≥0.60
35	0.90	≤0.10	≥0.60
66	1.00	≤0.10	≥0.60
110	1.30	≤0.10	≥0.70
220	2.10	≤0.10	≥0.90
330	3.10	≤0.10	≥1.00
500	4.00	≤0.10	≥1.00
750	5.00	≤0.10	≥1.00
±500	3.50	≤0.10	≥1.00

（3）绝缘操作杆的握手部分为操作人员握持的部分，其材质与绝缘部分相同，与绝缘部分以护环相隔开。根据电压等级的不同，握手的手持部分长度不应小于表 9－1 中所列的数值。

9－3　绝缘操作杆技术要求是什么？

答：绝缘操作杆技术要求：操作杆的接头可采用固定式或拆卸式接头，固定在操作杆上的接头应为高强度材料制成，对金属接头其长度不应超过 100mm，端部和边缘应加工成圆弧形，连接应紧密牢固。

用空心管制造的操作杆的内、外表面及端部必须进行防潮处理，可采用泡沫对空心管进行填充，以防止内表现受潮和脏污。

操作杆的总长度由最短有效绝缘长度、端部金属接头长度和手持部分长度的总和决定，其各部分长度应符合表 9－1 的规定。

9－4　绝缘管、棒材的分类是什么？

答：根据其制作材料及外形的不同，绝缘管、棒材可分为 3 类，见表 9－2。

表 9－2　　绝缘管、棒材分类（mm）

类别	名称	标称外径系列
Ⅰ	实心棒	10，16，24，30
Ⅱ	空心管	18，20，22，24，26，28，30，32，36，40，44，50，60，70
Ⅲ	泡沫填充管	18，20，22，24，26，28，30，32，36，40，44，50，60，70

注　填充绝缘管其标称外径与空心管系列相同。

9－5　绝缘管、棒材的材料要求是什么？

答：绝缘管、棒材应由合成材料制成。合成材料可用无机或人造纤维加强，其外观颜色可由用户确定。其密度不应小于 1.75g/cm^3，吸水率不大于 0.3%，50Hz 介质损耗角正切不大于 0.01。

填充泡沫应黏合在绝缘管内壁。在进行 GB 13398—2003《带电作业用空心绝缘管、泡沫填充绝缘管和实心绝缘棒》所规定的试验时，除部件破坏引起的损坏外，泡沫或黏结剂都不应损坏，绝缘管、棒材均应满足渗透试验的要求。

9－6　绝缘管、棒材的标称尺寸要求是什么？

答：所有测得的直径均应符合表 9－3、表 9－4 规定的公差范围。

表 9－3　实心棒标称尺寸及公差要求（mm）

标称外径	外径允许偏差
10，16，24，30	±0.4

表 9－4　空心管、填充管标称尺寸及公差要求（mm）

标称外径	外径允许偏差	最小壁厚	壁厚允许偏差	
			壁厚＜5mm	壁厚＞5mm
18，20，22，24，26，28，30	±0.4	1.5	±0.2	
32，36，40，44	±0.5	2.5	±0.3	±0.4
50，60，70	±0.8			

9－7　绝缘管、棒材的电气特性要求是什么？

答：绝缘管、棒材的电气特性要求如下：

（1）受潮前和受潮后的电气特性。用以制造绝缘工具的绝缘管、棒材应进行 300mm 长试品的 1min 工频耐压试验，包括干试验和受潮后的试验。

试品在 100kV 工频电压下的泄漏电流应符合表 9－5 的规定。

表 9－5　试品工频耐压试验及泄漏电流允许值

标称外径（mm）		试品电极间距离（mm）	1min 工频耐压试验（r. m. s，kV）	泄漏电流（μA）	
				干试验 I_1	受潮后试验 I_2
				不大于	
实心棒	30 以下	300	100	10	30
	30			15	35
管材	30 及以下			10	30
	32～70			15	40

注　试验中记录最大电流 I_1、I_2 以及电流与电压间的相角差 ϕ_1、ϕ_2，要求 ϕ_1、$\phi_2 > 50^\circ$（管）或 40°（棒）。

（2）湿态绝缘性能。用以制造绝缘工具的绝缘管、棒材应进行1200mm长试品的1h淋雨试验。试品在100kV工频电压下应满足无滑闪、无火花或击穿，表面无可见漏电腐蚀痕迹，无可察觉的温升等要求。

（3）绝缘耐受性能。用以制造绝缘工具的绝缘管、棒材应能耐受相隔300mm的两电极间1min工频电压试验。试品在100kV工频电压下无滑闪、无火花或击穿，表面无可见漏电腐蚀痕迹，无可察觉的温升等要求。

9－8　绝缘管、棒材的机械特性要求是什么?

答：用以制造绝缘工具的绝缘管、棒材应具有一定的机械抗弯、抗扭特性，以及耐挤压、耐机械老化性能。

（1）抗弯特性。各种绝缘管、棒材试品应满足表9－6的F_d、f、F_N值。

表9－6　弯曲试验的F_d、f、F_N值

管和棒的外径（mm）		支架间距离（m）	F_d（N）	f（mm）	F_N（N）	试品长度（m）
实心棒	10	0.5	270	20	540	2
	16	0.5	1350	15	2700	2
	24	1.0	1750	15	3500	2.5
	30	1.5	2250	40	4500	2.5
管材	18	0.7	500	12	1000	2.5
	20	0.7	550	12	1100	2.5
	22	0.7	600	12	1200	2.5
	24	1.1	650	14	1300	2.5
	26	1.1	775	14	1550	2.5
	28	1.1	875	14	1750	2.5
	30	1.1	1000	14	2000	2.5
	32	1.5	1100	25	2200	2.5
	36	1.5	1300	25	2600	2.5
	40	2.0	1750	26	3500	2.5
	44	2.0	2200	28	4400	2.5
	50	2.0	3500	30	7000	2.5
	60	2.0	6000	27	12 000	2.5
	70	2.0	10 000	27	20 000	2.5

注　F_d初始抗弯负荷，f为挠度差值（指$F_d/3$，$2/3F_d$以及$2/3F_d$与F_d之挠度差值），F_N为额定抗弯负荷。

（2）抗扭特性。各种绝缘管、棒材试品应满足表9－7的C_d、α_d、C_N值。

表 9-7 扭力试验的 C_d、α_d、C_N 值

管和棒的外径（mm）		C_d（N·m）	α_d（°）	C_N（N·m）
实心棒	10	4.5	150	9
	16	13.5	180	27
	24	40	150	80
	30	70	150	140
管材	18	18.5	30	37
	20	20	29	40
	22	22.5	28	45
	24	25	27	50
	26	27.5	26	55
	28	30	21	60
	30	35	17	70
	32	40	35	80
	36	60	37.5	120
	40	80	40	160
	44	100	35	200
	50	120	16	240
	60	320	12	640
	70	480	10	960

注 表中 C_d 为初始扭力，C_N 为额定扭力，α_d 为偏转角。

(3) 管材挤压特性。绝缘管材试品（包括填充管）应满足表 9-8 的 F_d、F_N 值。

(4) 机械老化特性。各种绝缘管、棒材试品在经过 4000 次弯曲循环后，不借助放大装置而用目测检查时，试品应无任何损伤的痕迹，也不应有任何永久变形。

表 9-8 挤压试验的 F_d、F_N 值

管材标称外径（mm）	F_d（N）	F_N（N）
18	250	500
20	325	650
22	400	800
24	500	1000

续表

管材标称外径（mm）	F_d（N）	F_N（N）
26	600	1200
28	700	1400
30	750	1500
32	850	1700
36	1500	3000
40	2150	4300
44	2500	5000
50	3450	6900
60	4100	8200
70	4750	9500

在经过4000次弯曲循环试验后，这批试品还应能通过受潮前及受潮后的绝缘试验。

在受潮前实测的电流 I_1 不应超过表9－5中 I_1 的限值，受潮后实测的电流 I_2 不应超过表9－5中 I_2 的限值。

9－9　绝缘操作杆的预防性试验要求是什么？

答：绝缘操作杆的预防性试验包括电气试验和机械试验。电气试验项目为外观及尺寸检查、工频耐压试验和操作冲击耐压试验，试验周期为12个月。机械试验项目为抗弯、抗扭静负荷试验，抗弯动负荷试验，试验周期为24个月。

9－10　绝缘操作杆的外观及尺寸检查要求是什么？

答：绝缘操作杆应有醒目且牢固的型号标识。操作杆的接头不管是固定式的还是拆卸式的，连接都应紧密牢固。绝缘杆应光滑，绝缘部分应无气泡、皱纹、裂纹、绝缘层脱落、严重的机械或电灼伤痕，玻璃纤维布与树脂间粘接完好不得开胶，固定连接部分应无松动、锈蚀和断裂等现象，杆段间连接牢固。握手的手持部分护套与绝缘杆连接紧密、无破损，不产生相对滑动或转动。绝缘杆的最短有效绝缘长度、端部工作部分的金属接头长度和握手的手持部分长度应符合表9－1的规定。

9－11　绝缘操作杆的工频耐压和操作冲击耐压试验要求是什么？

答：表面受潮或脏污者应先进行干燥或去污处理。

（1）试品布置。耐压试验的试品可采用垂直悬挂方式或水平绝缘支撑方式。接地极的对地距离应不小于1m。对多个试品同时进行试验时，试品间距离应不小于500mm。垂直悬挂方式时，用直径不小于30mm的单导线作模拟导线，模拟导线两端应设置均压球（或均压环），其直径不小于200mm，均压球距试品不小于1.5m，如图9－3所示。

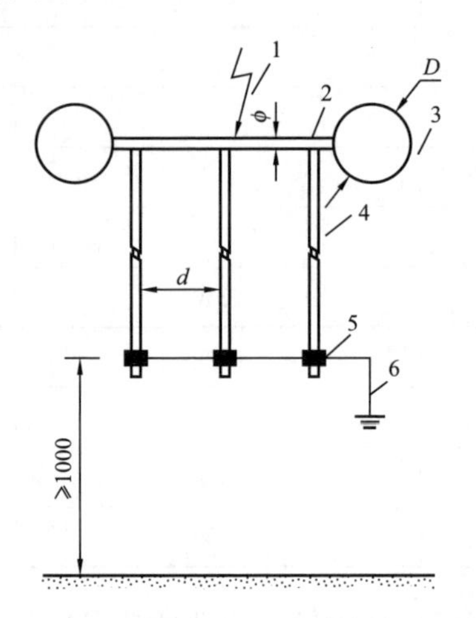

图9－3　绝缘杆工频耐压及操作冲击耐压试验接线图

1—高压引线；2—模拟导线，$\phi \geqslant 30$mm；3—均压球，$D=200\sim300$mm；4—试品，试品间距$d \geqslant 500$mm；5—下部试验电极；6—接地引线

（2）试验电极布置。试验电极布置于试品绝缘部分的最上端，也可用试品顶端的金具作高压试验的电极。高压试验电极和接地极间的距离（试验长度）应满足表9－9、表9－10的规定，如在两试验电极间有金属部件时，其两试验电极间的距离还应在此数值上再加上金属部分的总长度。

表9－9　10～220kV电压等级操作杆的电气性能

额定电压（kV）	试验电极间距离（m）	1min工频耐受电压（kV）
10	0.40	45
35	0.60	95
66	0.70	175
110	1.00	220
220	1.80	440

表9－10　330～750kV电压等级操作杆的电气性能

额定电压（kV）	试验电极间距离（m）	3min工频耐受电压（kV）	操作冲击耐受电压（kV）
330	2.80	380	800
500	3.70	580	1050

续表

额定电压（kV）	试验电极间距离（m）	3min工频耐受电压（kV）	操作冲击耐受电压（kV）
750	4.70	780	1300
±500	3.20	680*	950

* ±500kV直流耐压试验的加压值。

接地极和高压试验电极（无金具时）以宽50mm的金属箔或金属丝包绕。

工频耐压试验时，应缓慢升高电压，以便能在仪表上准确读数，达到0.75倍试验电压值起，以每秒2%试验电压的升压速率至表9-9、表9-10规定的值，保持相应的时间，然后迅速降压，但不能突然切断。220kV及以下电压等级的试品应能通过短时工频耐受电压试验（以无击穿、无闪络及发热为合格）；330kV及以上电压等级的试品应能通过长时间工频耐受电压试验（以无击穿、无闪络及发热为合格），以及操作冲击耐受电压试验（15次加压以无一次击穿、闪络及过热为合格），其电气性能应符合表9-9、表9-10的规定。

9-12　绝缘操作杆的抗弯、抗扭静负荷试验和抗弯动负荷试验要求是什么？

答：静负荷试验应在如表9-11所列数值下持续1min无变形、无损伤。动负荷试验应在如表9-11所列数值下操作3次，要求机构动作灵活、无卡住现象。试验布置见图9-4。试验时将操作杆放在两端的滑轮上，在其中间加荷载直至规定值。加载值见表9-11，两支架间的距离见表9-12。

表9-11　　操作杆的机械性能（N·m）

试品	静抗弯负荷	动抗弯负荷	静抗扭负荷
标称外径28mm以下	108	90	36
标称外径28mm以上	132	110	36

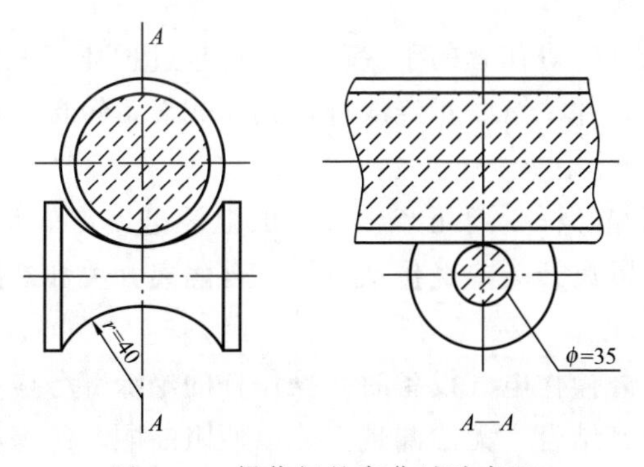

图9-4　操作杆的弯曲试验布置

表 9-12　　弯曲试验时两支架间的距离（mm）

管直径	棒直径	两支架间的距离
—	10～16	500
18～22	—	700
—	24	1000
24～30	—	1100
32～36	30	1500
40～70	—	2000

9-13　绝缘管、棒材的标志要求是什么？

答：每根出厂的绝缘管、棒材应有永久性的明显标志（所有标志应不影响产品特性），绝缘管、棒材的名称和规格，制造厂名，颜色标记，制造日期。

9-14　绝缘管、棒材的包装要求是什么？

答：绝缘管、棒材应用防潮的塑料袋或其他防潮材料包装。产品与产品之间应垫纸，整个包装应牢固。包装物表面应有明显的“防潮”“防雨”“严防碰撞”等字样。

在包装物上至少应有如下标志：制造厂名、数量和重量、出厂检验合格证、执行标准的编号、出厂日期。

9-15　绝缘操作杆使用和保管要求是什么？

答：绝缘操作杆使用和保管要求如下：

（1）绝缘杆的规格必须符合被操作设备的电压等级，切不可任意取用。

（2）使用绝缘杆前，应检查是否超过有效试验期，绝缘杆的表面是否完好，各部分的连接是否可靠。如发现绝缘杆的堵头破损，应禁止使用。

（3）操作前，绝缘杆表面应用清洁的干布擦拭干净，使绝缘杆表面干燥、清洁。

（4）使用绝缘杆时操作者的手握部位不得越过护环，人体应与带电设备保持足够的安全距离，并注意防止绝缘杆被人体或设备短接，以保持有效的绝缘长度。

（5）为防止因绝缘杆受潮而产生较大的泄漏电流，危及操作人员的安全，在使用绝缘杆拉合隔离开关或经传动机构拉合隔离开关和断路器时，均应戴绝缘手套。

（6）雨天在户外操作电气设备时，操作杆的绝缘部分应有防雨罩，罩的上口应与绝缘部分紧密结合，无渗漏现象，以便阻断顺着绝缘杆流下的雨水，使其不致形成连续的水流柱而大大降低湿闪电压，同时可保持一定的干燥表面，保证湿闪电压合格。另外，雨天使用绝缘杆操作室外高压设备时，还应穿绝缘靴。

（7）当接地网接地电阻不符合要求时，晴天操作也应穿绝缘靴，以防止接触电压、跨步电压的伤害。

（8）绝缘杆应统一编号，存放在特制的木架上或悬挂起来，且不得贴墙放置。

9-16 《安规》对绝缘杆的要求是什么？

答：Q/GDW 1799.1—2013《国家电网公司电力安全工作规程　变电部分》中有关规定：

9.2.2 绝缘操作杆、绝缘承力工具和绝缘绳索的有效绝缘长度不得小于表5的规定。

9.7.1 进行带电清扫工作时，绝缘操作杆的有效长度不准小于表5的规定。

9.7.4 作业时，作业人员的双手应始终握持绝缘杆保护环以下部位，并保持带电清扫有关绝缘部件的清洁和干燥。

Q/GDW 1799.2—2013《国家电网公司电力安全工作规程　线路部分》中有关规定：

6.3.1 在停电线路工作地段接地前，应使用相应电压等级、合格的接触式验电器验明线路确无电压。

直流线路和330kV及以上的交流线路，可使用合格的绝缘棒或专用的绝缘绳验电。验电时，绝缘棒或绝缘绳的金属部分应逐渐接近导线，根据有无放电声和火花来判断线路是否确无电压。验电时应戴绝缘手套。

6.4.5 装设接地线时，应先接接地端，后接导线端，接地线应接触良好、连接应可靠。拆接地线的顺序与此相反。装、拆接地线导体端均应使用绝缘棒或专用的绝缘绳。人体不准碰触接地线和未接地的导线。

7.2.5 操作机械传动的断路器（开关）或隔离开关（刀闸）时，应戴绝缘手套。没有机械传动的断路器（开关）、隔离开关（刀闸）和跌落式熔断器，应使用合格的绝缘棒进行操作。雨天操作应使用有防雨罩的绝缘棒，并穿绝缘靴、戴绝缘手套。在操作柱上断路器（开关）时，应有防止断路器（开关）爆炸时伤人的措施。

7.2.6 更换配电变压器跌落式熔断器熔丝的工作，应先将低压刀闸和高压隔离开关（刀闸）或跌落式熔断器拉开。摘挂跌落式熔断器的熔断管时，应使用绝缘棒，并派专人监护。其他人员不准触及设备。

13.2.2 绝缘操作杆、绝缘承力工具和绝缘绳索的有效绝缘长度不准小于表6的规定。

13.6.1 进行带电清扫工作时，绝缘操作杆的有效长度不准小于表 6 的规定。

13.6.4 作业时，作业人的双手应始终握持绝缘杆保护环以下部位，并保持带电清扫有关绝缘部件的清洁和干燥。

14.4.2.2 绝缘操作杆、验电器和测量杆：允许使用电压应与设备电压等级相符。使用时，作业人员手不准越过护环或手持部分的界限。雨天在户外操作电气设备时，操作杆的绝缘部分应有防雨罩或使用带绝缘子的操作杆。使用时人体应与带电设备保持安全距离，并注意防止绝缘杆被人体或设备短接，以保持有效的绝缘长度。

14.4.2.4 绝缘隔板和绝缘罩：绝缘隔板和绝缘罩只允许在 35kV 及以下电压的电气设备上使用，并应有足够的绝缘和机械强度。用于 10kV 电压等级时，绝缘隔板的厚度不应小于 3mm，用于 35kV 电压等级不应小于 4mm。现场带电安放绝缘隔板及绝缘罩时，应戴绝缘手套、使用绝缘操作杆，必要时可用绝缘绳索将其固定。

9－17　什么叫验电器？

答：验电器是一种检测电气设备、电器、导线上工作电压是否存在的便携式装置，可分为高压和低压两种。

9－18　低压验电器的用途是什么？

答：低压验电器（验电笔）是用来检验低压电气设备、电器或线路是否带电的专用测量工具，也可以用它来区分相（火）线和中性（地）线。此外，还可以用它区分交、直流电，当交流电通过氖管灯泡时，两极附近都发亮，而直流电通过氖管灯泡时，仅一个电极发亮。

9－19　低压验电器的结构是什么？

答：为了工作和携带方便，低压验电器常做成钢笔式或螺丝刀式，但不管那种形式，其结构都是由一个高值电阻、氖管、弹簧、金属触头和笔身组成。低压验电器的结构如图 9－5 所示。

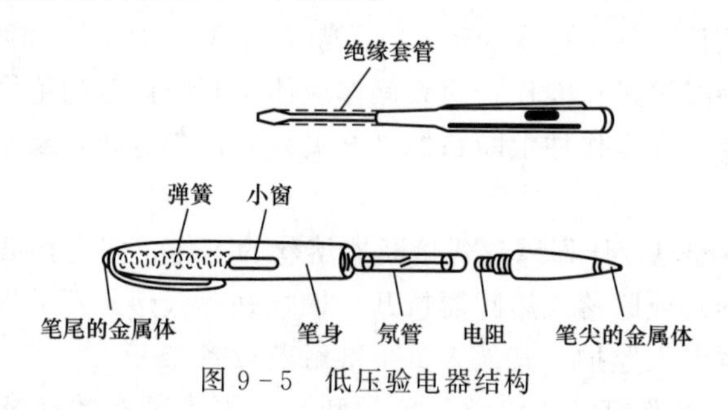

图 9－5　低压验电器结构

9-20 低压验电器的使用要求是什么？

答：低压验电器的使用要求如下：

(1) 低压验电器在使用前，应先在有电的部位测试一下，检查验电器是否完好，以防因验电器故障造成误判断而导致触电事故。

(2) 验电时，笔尖金属体应触到被测设备上，手握笔尾（手要接触笔尾金属体），查看氖管灯泡是否发亮，如果被测设备有电，微小的电流便通过氖管和人体入地，从验电笔的小窗孔可以看到氖管发光，即使操作人员穿上绝缘鞋或站在绝缘垫上，氖灯也会发光。根据发光的程度，可以判断电压的高低。灯泡愈亮，说明电压愈高。

(3) 低压验电笔因无高压验电器的绝缘部分，故绝不允许在高压电气设备或线路上进行验电，以免发生触电事故，只能在100～500V范围内使用。

9-21 高压验电器的用途是什么？

答：高压验电器是检验高压电气设备、电器、导线上是否有电的一种专用安全器具。当设备断电后，装设携带型短路接地线前，必须用验电器验明设备确实无电后，方可装设接地线。

9-22 高压验电器的结构是什么？

答：高压验电器由指示部分、绝缘杆和手柄三部分组成，见图9-6。指示部分包括金属接触电极和指示器，绝缘杆和手柄部分一般是合成材料制成，在两者之间标有明显的标志或装设护环。高压验电器绝缘件最小有效绝缘长度、最小手柄长度见表9-13。

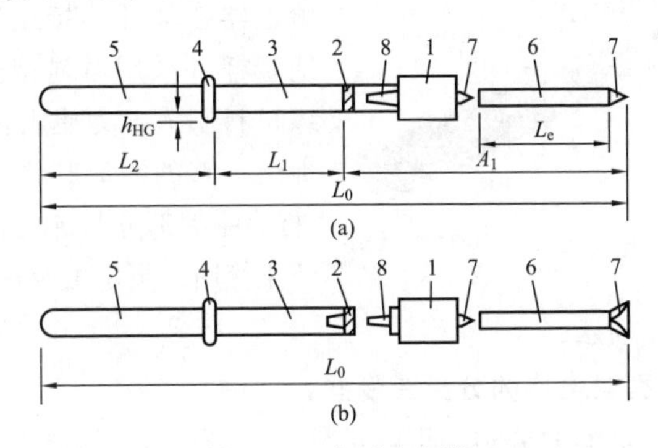

图9-6 高压验电器

(a) 包含绝缘杆的单件式验电器；(b) 可组装绝缘杆的分离式验电器

1—指示器（任何类型）；2—限度标志；3—绝缘件；4—护手环；5—手柄；6—接触电极延长段；7—接触电极；8—连接器；h_{HG}—护手环高度；L_2—手柄长度；L_1—绝缘件的长度；L_e—接触电极延长段的长度；L_0—验电器的总长度；A_1—插入深度（长度）

表 9-13　　高压验电器长度尺寸（mm）

额定电压 U_N（kV）	最小有效绝缘长度 L_1	最小手柄长度 L_2	接触电极最大裸露长度 L_e
10	700	115	40
35	900	115	80
66	1000	115	300
110	1300	115	400
220	2100	115	400
330	3200	115	400

注 1. 对于适用于一定电压范围的验电器，其最小有效绝缘长度由 $U_{N,max}$ 确定。
2. 对于适用于一定电压范围的验电器，其接触电极最大裸露长度由 $U_{N,max}$ 确定。

9-23　电容型验电器的工作原理及组成是什么？

答：电容型验电器是通过检测流过验电器对地杂散电容中的电流，检验高压电气设备、线路是否带有运行电压的装置。

电容型验电器一般由接触电极（与被测部件产生电气连接的裸露导电部分，如果要使接触电极延长，可以用有外绝缘层的导电极加长）、验电指示器（验电器的组成部分，它指示接触电极上的工作电压是否存在；可以是与绝缘杆可组装的分体式，也可以直接与绝缘杆制成一个整体）、连接件（用于将验电器各部件连接组装起来的部件）、绝缘杆（采用增强型环氧引拔管等绝缘材料制成，为使用者与带电设备之间提供足够的距离和绝缘强度）、护手环（标示手握部分与绝缘部分界限的标志，防止使用人员手触及绝缘部分）和手柄等组成，如图 9-7 所示。

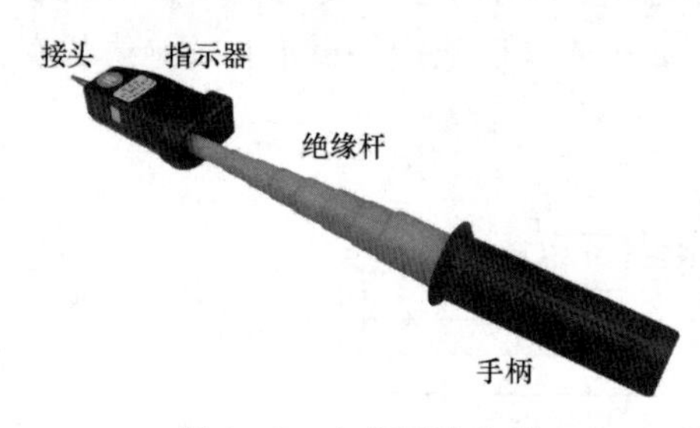

图 9-7　电容型验电器

9-24　电容型验电器的分类有哪些？

答：电容型验电器的分类如下：

（1）按显示方式可分为声类、光类、数字类、回转类、组合式类等。

（2）按连接方式可分为整体式（指示器与绝缘杆固定连接）、分体组装式（指示器与绝缘构件可拆卸组装）。

（3）按使用气候条件可分为雨雪型［可用于户外潮湿（雨、雪）条件下的验电器］和非雨雪型（用于干燥的、良好气候条件下的验电器）。

（4）按使用的环境温度分为低温型、常温型、高温型。

9－25　电容型验电器的一般要求是什么？

答：如果验电器需要带有加长的接触电极，则所有的试验都应在带有该加长电极的情况下进行。

（1）安全性。验电器的设计和制造应保证用户在按正确的操作方法和说明书的规定使用时的人身和设备安全。

（2）指示。验电器应通过信号状态的改变，明确指示“存在电压”或“无电压”，指示可为声/光形式或其他的明显可辨的指示方式。

9－26　电容型验电器的功能要求是什么？

答：电容型验电器的功能要求如下：

（1）启动电压及抗干扰性。

1）在额定电压（或额定电压范围）下，验电器应能清晰地显示。验电器的启动电压应符合表9－14的要求。

表9－14　验电器的启动电压要求

序号	类　型	启动电压 U_{st}
1	A类：单一额定电压或有数挡可切换额定电压的验电器	$0.15U_N \leqslant U_{st} \leqslant 0.40U_N$
2	B类：适用于一定额定电压范围，但其范围较窄的验电器，当 $U_{N,max} \approx 2U_{N,max}$ 时	$0.15U_{N,max} \leqslant U_{st} \leqslant 0.40U_{N,max}$
3	C类：适用于一定额定电压范围，但其范围较宽的验电器，当 $U_{N,max} \approx 3U_{N,max}$ 时	$0.10U_{N,max} \leqslant U_{st} \leqslant 0.45U_{N,max}$
4	D类：在某些特殊的情况下，可根据用户的要求确定 U_{st} 值，并做出在特定场合应用的说明	

2）验电器的启动电压设定后，用户不能随便调整。

3）当验电器直接连接带电设备时，验电器应可连续显示。

4）当按照说明书使用验电器时，邻近的带电部件或接地部件的存在不应影响验电器指示的正确性。验电器在被测设备仅带有干扰电压时，不应发出有电信号，干扰电场的存在不应影响显示的正确性。

（2）清晰可辨性。在正常的光照和背景噪声下，验电器在达到启动电压后应给出清晰易辨的显示。

1）视觉指示。在正常的光照条件下，验电器的光显示信号对于正常操作者应是清晰可见的。

2）听觉指示。在正常的背景噪声下，验电器的声音信号对处于正常操作位置的人员，应是清晰可闻的。

（3）指示器与温度的关系。验电器按其使用的环境温度，可分成低温型、常温型、高温型三类。各类验电器应在表 9－15 相对应的温度范围内正常工作，在该气候条件范围内，启动电压的变化不应超过 DL 740—2014《电容型验电器》规定气候条件下启动电压值的±10％。

表 9－15　验电器的正常工作气候条件范围

气候类型	气候条件范围（操作和储存）	
	温度（℃）	湿度（％）
低温型（D）	－40～＋55	20～96
常温型（C）	－25～＋55	20～96
高温型（G）	－5～＋70	12～96

（4）频率响应。在额定频率变化±3％的范围内验电器应能给出正确指示。

（5）响应时间。响应时间应小于 1s。

（6）内装电源耗尽指示。电源耗尽时应给出电源耗尽的显示或自动关机。带有自检元件的验电器，可通过自检来判定电源是否耗尽。

（7）自检元件。自检元件无论是内装的还是外附的，均应能检测指示器的所有电路，包括电源和指示功能。如果不能检测所有的电路，应在使用说明书中清楚地申明，并应保证这些未被自检的电路是高度可靠的。

（8）对直流电压无响应。验电器在直流电压下应无指示信号或只有瞬间的信号。

（9）额定工作时间。验电器应能在额定电压下，连续无故障地工作 5min 以上。

9－27　电容型验电器的电气绝缘要求是什么？

答：电容型验电器的电气绝缘要求如下：

（1）绝缘件的材料及尺寸要求。绝缘操作杆的材料性能应符合 GB 13398《带电作业用空心绝缘管、泡沫填充绝缘管和实心绝缘棒》的要求，长度尺寸应符合表 9－13 的要求，参照图 9－6。

（2）防短接性能。验电器在正常操作时，如同时触及带电和接地部件，验电器不应闪络和击穿。

（3）耐电火花性能。验电器在正常验电时，不应由于电火花的作用致使显示器毁坏或停止工作。

（4）泄漏电流。通过绝缘件的泄漏电流不应大于 0.5mA。

9－28　电容型验电器的机械强度要求是什么？

答：电容型验电器的机械强度要求如下：

（1）握着力和弯曲度。握着力不应超过 200N，应尽量减小验电器自重造成的弯曲，在水平状态下测得的弯曲度不应超过整体长度的10%。验电器的质量应减少到最小且具有所需的性能要求。

（2）抗跌落性。验电器自1m的高度跌落在坚硬的地面上时，结构不应有损坏并应保持原有的功能和性能。

（3）抗冲击性。指示器应具有抗冲击性能。

（4）护手环。护手环直径应比绝缘杆直径大4mm。

9－29　电容型验电器外观检查要求是什么？

答：验电器额定电压、使用频率等标志清晰。对验电器的各部件，包括手柄、护手环、绝缘元件、限度标记（在绝缘杆上标注的一种醒目标志，向使用者指明应防止标志以下部分插入带电设备中或接触带电体）和接触电极、指示器和绝缘杆等均应无明显损伤。手柄与绝缘杆、绝缘杆与指示器的连接应紧密牢固可靠。绝缘杆应清洁、光滑，绝缘部分应无气泡、皱纹、裂纹、划痕、硬伤、绝缘层脱落、严重的机械或电灼伤痕。伸缩型绝缘杆各节配合合理，拉伸后不应自动回缩。绝缘件的最小长度符合表9－13的规定。指示器应密封完好，表面应光滑、平整，指示器上的标志应完整。自检三次，指示器均应有视觉信号和（或）听觉出现。

9－30　电容型验电器预防性试验要求是什么？

答：电容型验电器的预防性试验项目包括启动电压试验、绝缘杆工频耐压及泄漏电流试验，试验周期为6个月。

9－31　电容型验电器启动电压试验要求是什么？

答：验电器的试验布置见图9－8，有关数据见表9－16。对于适用于一定电压范围的验电器，试验布置应对应于最高额定电压（$U_{N,max}$），试验应在防外界电磁干扰的试验室里进行。在一定范围的空间中不应放置任何其他物体：当$U_N \leqslant 35$kV时，此空间范围为1m；当$U_N > 35$kV时，此空间范围为2m以上。

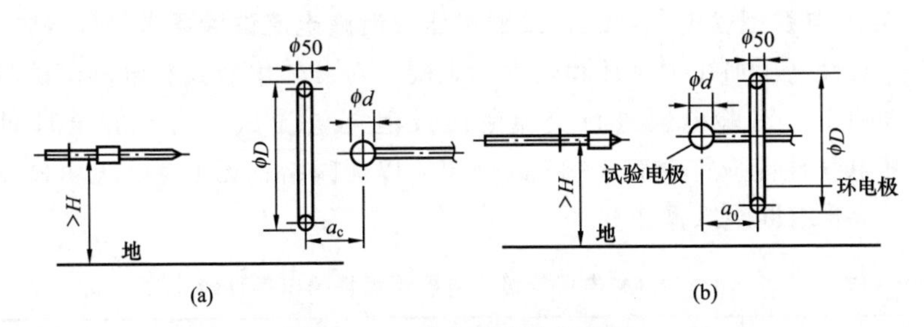

图9－8　验电器试验布置图

（a）带接触电极延长段的验电器；（b）不带接触电极延长段的验电器

表 9-16　　验电器试验布置有关数据

验电器类型	额定电压 U_N（kV）	电极间水平距离[a]（mm）	离地高度 H（mm）	环直径 D（mm）	球直径 d（mm）
带接触电极延长段的验电器	10	100	>1500	550	60
	35	430	>1500	550	60
	66～110	650	>2500	1050	100
	220～330	850	>2500	1050	100
不带接触电极延长段的验电器	10	300	>1500	550	60
	35	300	>1500	550	60
	66～110	1000	>2500	1050	100
	220～330	1000	>2500	1050	100

[a] 对带接触电极延长段的验电器，此距离指 a_c；对不带接触电极延长段的验电器，此距离指 a_0。

启动电压测量的试验电极和环形电极的连接见图 9-9。试验时，将验电器的接触电极与试验电极相接触，指示器近似地位于环形电极的中心线上（水平轴上）。逐渐升高试验电极上的电压，当“电压存在”的指示信号出现时测量启动电压。如果测出的启动电压值在表 9-14 规定的范围内，则认为试验通过。

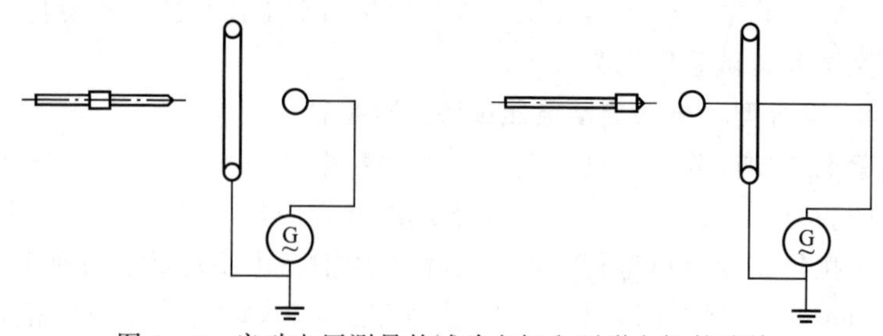

图 9-9　启动电压测量的试验电极和环形电极的连接

9-32　电容型验电器绝缘杆工频耐压及泄漏电流试验要求是什么？

答：试验电压加在护手环和限度标志间，对分体组装式验电器，试验时可将指示器卸下。对验电器进行交流耐压及泄漏电流试验时，加压时间保持 1min，其电气性能应符合表 9-17 的规定。以无闪络、无击穿、无明显发热为合格。试验要求同绝缘操作杆。

表 9-17　　10～220kV 电压等级验电器绝缘杆的电气性能

额定电压（kV）	试验电极间距离（m）	1min 工频耐受电压（kV）	允许最大泄漏电流（μA）
10	0.40	45	500

续表

额定电压（kV）	试验电极间距离（m）	1min 工频耐受电压（kV）	允许最大泄漏电流（μA）
35	0.60	95	500
66	0.70	175	500
110	1.00	220	500
220	1.80	440	500

9-33　电容型验电器标志要求是什么？

答：验电器上应有下列内容的标志：标志符号（图9-10），额定电压或额定电压范围，额定频率（或频率范围），生产厂名和商标，出厂编号，生产年份，适用气候类型：D（低温型）、C（常温型）、G（高温型），检验日期。产品标志的字体大小不应小于5号字，标志应具有持久性。

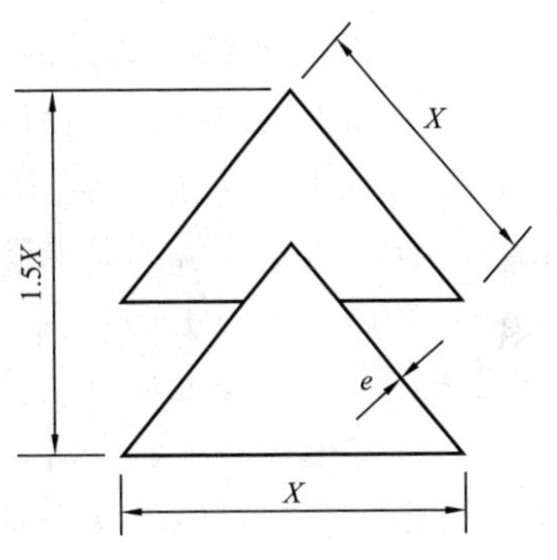

图9-10　标志符号

X—可以是16、25mm或40mm；

e—线条的最小宽度，为1mm

9-34　电容型验电器包装要求是什么？

答：验电器的包装箱（袋）上应注明厂名、厂址、商标、产品名称、规格、型号，每只验电器应附有产品合格证及产品使用说明书。使用说明书内容包括类型说明、检查说明、维护、保管、运输、组装、功能测试和使用等。

9-35　电容型验电器运输和储存要求是什么？

答：验电器批量运输时应采用木质包装箱或硬纸外壳箱，包装的标志应清楚整齐，并注明“切勿淋雨”“切勿受潮”“小心轻放”“避免重压”等标志。

验电器应储存在干燥、通风、避免阳光直晒和无腐蚀及有害物质的场所保存。

9-36　验电器使用及保管要求是什么？

答：验电器使用及保管要求如下：

（1）验电器上应标有电压等级、制造厂和出厂编号，对110kV及以上验电器还须标有配用的绝缘杆节数。使用验电器前，应先检查验电器的工作电压与被测设备的额定电压是否相符，验电器是否超过有效试验期。

（2）检查验电器外观，检查绝缘部分有无污垢、损伤、裂纹。

（3）利用验电器的自检装置，检查验电器的指示器以及声、光信号是否正常。

(4) 验电时，操作人必须戴绝缘手套，穿绝缘靴（鞋），如图 9-11 所示，并且必须握在绝缘杆护手环以下的手柄部分，不得超过护手环。使用抽拉式电容型验电器时，绝缘杆应完全拉开。人体与带电部分距离应符合《安规》规定的安全距离。

图 9-11 验电操作

(5) 在验电时，应将验电器的金属接触电极逐渐靠近被测设备，一旦验电器启动，且发出声、光信号，即说明该设备有电，应立即将金属接触电极离开被测设备，以保证验电器的使用寿命。

(6) 验电时，若指示器未启动，未发出声、光信号，则说明验电部位已确无电压。

(7) 在停电设备上验电前，应先在有电设备上验电，验证验电器功能正常。无法在有电设备上进行试验时可用高压发生器等确证验电器良好。

(8) 在停电设备上验电时，必须在设备进出线两侧各相分别验电，以防在某些意外情况下，可能出现一侧或其中一相带电而未被发现。

(9) 验电时，验电器不应装接地线。如在木杆、木梯或木架上验电，不接地不能指示者，经运行值班负责人或工作负责人同意后，可在验电器绝缘杆尾部接上接地线。

(10) 非雨雪型电容型验电器不得在雷、雨、雪等恶劣天气时使用。

(11) 验电器应按电压等级统一编号，每个电压等级的验电器现场至少保持2 支。

(12) 验电器用后应装匣存放在防潮盒或绝缘安全工器具存放柜内，保持干燥，避免积灰和受潮。

9-37 《安规》对验电器的规定有哪些？

答：DL 5009.2—2013《电力建设安全工作规程　第 2 部分：电力线路》中有关规定：

3.4.34 的 1 验电器

1) 使用电容型验电器时，操作人应戴绝缘手套，穿绝缘靴（鞋）。人体与带电部分距离应符合本规程表 3.3.1—2 的规定。

2) 验电器的工作电压与被测设备的电压不符、指示灯不亮或无声响等不得使用。

3) 使用抽拉式电容型验电器时，绝缘杆应完全拉开。

4) 验电前，应先在有电设备上进行试验，确认验电器良好方可使用。

8.3.6 现场施工负责人在接到已停电许可工作命令后，必须首先安排人员进行验电。验电必须使用相应电压等级的合格的验电器。验电时必须戴绝缘手套并逐相进行。验电必须设专人监护。同杆塔架设有多层电力线时，必须先验低压，后验高压，先验下层，后验上层。

Q/GDW 1799.1—2013《国家电网公司电力安全工作规程　变电部分》中有关规定：

7.3.1 验电时，应使用相应电压等级且合格的接触式验电器，在装设接地线或合接地刀闸（装置）处对各相分别验电。验电前，应先在有电设备上进行试验，确认验电器良好；无法在有电设备上进行试验时，可用工频高压发生器等确认验电器良好。

7.3.2 高压验电应戴绝缘手套。验电器的伸缩式绝缘棒长度应拉足，验电时手应握在手柄处不得超过护环，人体应与验电设备保持表 1 中规定的距离。雨雪天气时不得进行室外直接验电。

Q/GDW 1799.2—2013《国家电网公司电力安全工作规程　线路部分》中有关规定：

6.3.1 在停电线路工作地段接地前，应使用相应电压等级、合格的接触式验电器验明线路确无电压。

直流线路和 330kV 及以上的交流线路，可使用合格的绝缘棒或专用的绝缘绳验电。验电时，绝缘棒或绝缘绳的金属部分应逐渐接近导线，根据有无放电声和火花来判断线路是否确无电压。验电时应戴绝缘手套。

6.3.2 验电前，应先在有电设备上进行试验，确认验电器良好；无法在有电设备上进行试验时，可用工频高压发生器等确认验电器良好。

验电时人体应与被验电设备保持表 3 规定的距离，并设专人监护。使用伸缩式验电器时应保证绝缘的有效长度。

14.4.2.2 绝缘操作杆、验电器和测量杆：允许使用电压应与设备电压等级相符。使用时，作业人员手不准越过护环或手持部分的界限。雨天在户外操作电气设备时，操作杆的绝缘部分应有防雨罩或使用带绝缘子的操作杆。使用时人体应与带电设备保持安全距离，并注意防止绝缘杆被人体或设备短接，以保持有效的绝缘长度。

9－38　验电器使用不规范的事故案例。

答：1991 年 10 月 9 日，某变电站值班人员在进行倒闸操作时，因验电前未在带电设备上检验氖灯验电器是否完好，且本应在停电设备上验电，却误在带电设备上验电，由于验电器上氖灯损坏，操作人员见氖灯不亮，以为无电压，就挂接地线，于是被弧光冲击倒地，如图 9－12 所示。

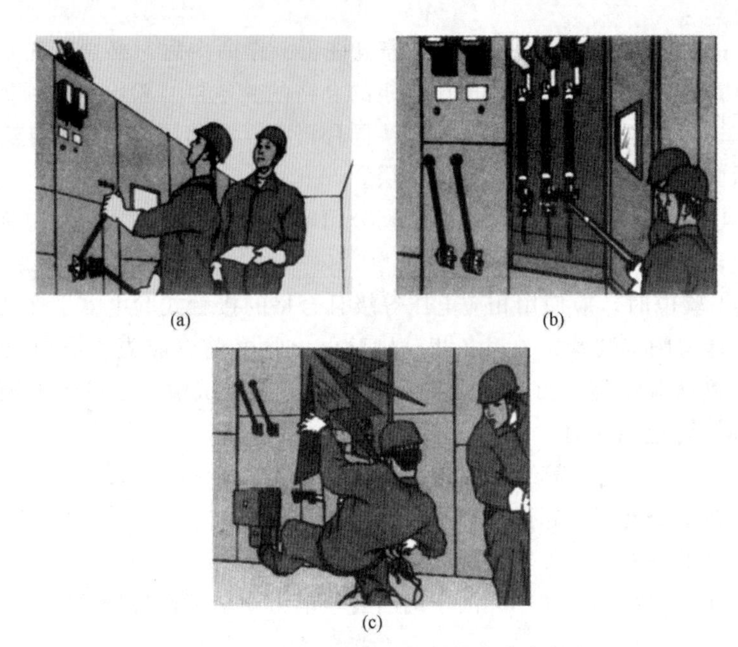

图 9-12　验电器使用不规范事故案例
(a) 倒闸操作；(b) 验电；(c) 弧光冲击倒地

9-39　接地线的作用是什么？

答：电气设备和电力线路停电检修时，为确保作业人员的安全，要采取保证安全的技术措施，即在全部停电或部分停电的电气设备向可能来电的各侧装设接地线，即人工将已接地的接地线连接到电气设备上，其作用是使工作地点始终处于“地电位”的保护之中，同时还可以防止剩余电荷和感应电荷对人体的伤害；在发生误送电时，能使保护动作，迅速切断电源，防止意外来电所产生的危险电压和电弧。

若断路器检修时，除断开该断路器两侧隔离开关外，还应在断路器两侧挂接地线各一组，如图 9-13(a) 所示；同样在线路上停电检修作业时也应装设接地线，如图 9-13(b) 所示，将可能来电的两侧三相短路接地，保护工作人员免遭触电伤害。

接地线分为携带型短路接地线和个人保安接地线。

9-40　携带型短路接地线的种类及使用方法是什么？

答：携带型短路接地线是用于防止设备、线路突然来电，消除感应电压，放尽剩余电荷的临时接地装置，有组合式和分相式两类。

(1) 组合式接地线，由于电压等级不同，线夹数量、接地线长短也不相同。由导线端线夹、操作杆、短路线、接地线及接地端线夹或接地极组成一套“接地线”，如图 9-14 所示。使用时应先验电，确认已停电后将接地端线夹紧固在接地极上，将导线端线夹分别挂在导线上卡紧。拆除时应先拆除导线端线夹，后拆除接地端线夹。

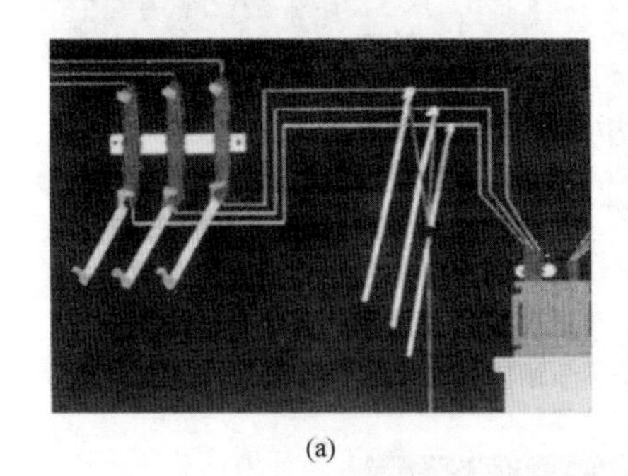

(a)

(b)

图 9-13 接地线的作用

(a) 断路器检修装设接地线示意图；(b) 线路检修装设接地线

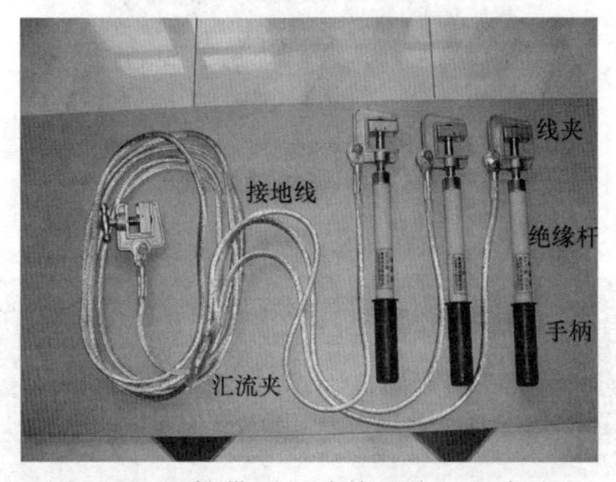

图 9-14 携带型短路接地线（组合式）

(2) 分相式接地线，每套三组。每组由导线端线夹、短路线和接地端线夹连成一体。使用时分组进行操作，应先验电，确认已停电后，首先将接地端线夹紧固在接地极上（或铁塔上），然后按停电线路电压等级，选定操作杆，将导线端线夹挂在导线上卡紧。工作完毕，应先拆除导线端线夹，后拆接地端线夹。

9-41 个人保安接地线的作用和种类有哪些?

答: 个人保安接地线（俗称"小地线"）用于防止感应电压危害的个人用接地装置，如图 9-15 所示，可分为高压用个人保安接地线和低压用个人保安接地线。

9-42 接地线的组成有哪些?

答: 接地线（携带型接地及接地短路装置）包括短路元件（导线端线夹和多股软铜线）、绝缘元件（接地操作杆）和接地元件（接地端线夹或临时接地极）等部件组成，如图 9-16 所示。

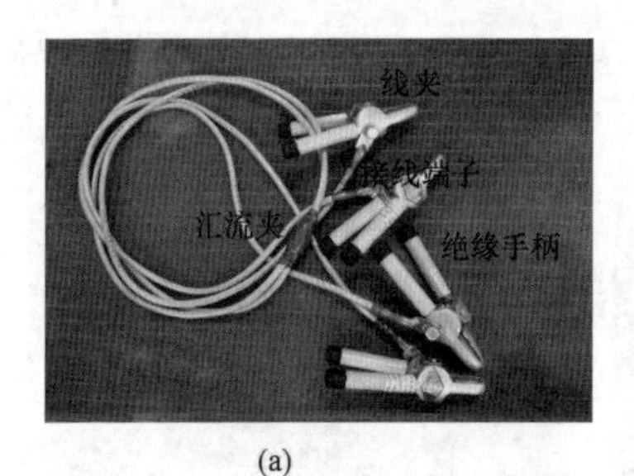

(a)

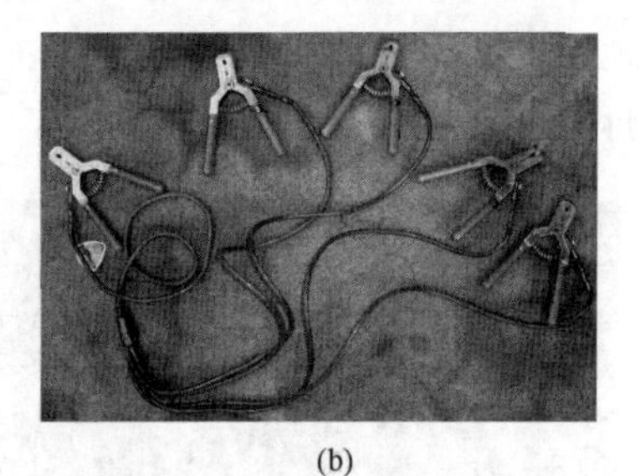

(b)

图 9－15　个人保安接地线

（a）高压用个人保安接地线；（b）低压用个人保安接地线

(a)

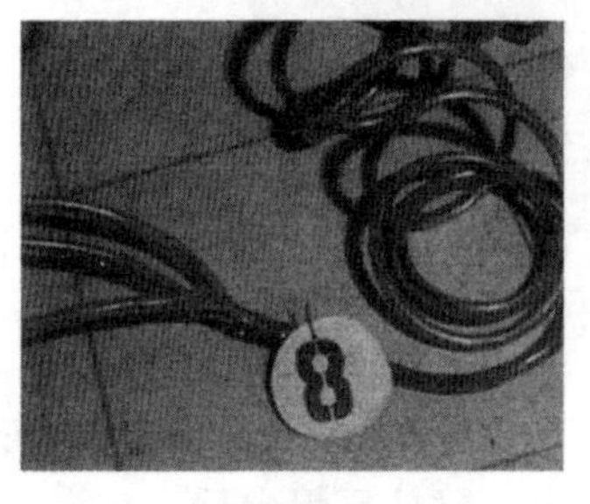

(b)

(c)

图 9－16　接地线部件示意图

（a）导线端线夹；（b）多股软铜线；（c）接地操作杆

9－43　接地线线夹的要求有哪些？

答：线夹可用铜或铝质合金材料制成，材料特性应符合表 9－18 的要求。

表 9－18　线夹的材料特性

材料特性	铜　　质	铝质合金
抗拉强度不小于（MPa）	207	207
屈服强度不小于（MPa）	90	138
伸长率不小于（%）	6	1.5

（1）线夹应保证其与电力设备及接地体的连接处电气接触良好，并应符合短路电流作用下的动、热稳定的要求。线夹主接触部分的钳口可制成平面式和颚状式。钳口的紧固力应不致损坏设备导线或固定接地点。

（2）线夹应和接线鼻一起配套供应，接线鼻可用铜质或铝质合金制成，其尺寸应和短路线、接地线的截面、线夹的尺寸相匹配。线夹和软绞线部分的连接可以是压接，也可以是钎焊。

（3）导线端线夹可随所配接地线（短路线）截面大小分成若干规格，线夹钳口的开度应能满足产品所规定的待接地导线的截面范围。钳口主接触面尺寸应保证在产品规定的额定短路电流、额定承受短路时间、额定机械力矩下可靠的工作。

（4）导线端线夹应附有线夹紧固件，它可以用接地操作杆方便地操作，线夹紧固件和接地操作杆的连接可以制成固定式和活动式（即临时装拆式）两种。

（5）线夹有多种结构，如弹簧压紧式［图 9－17(a)］和螺纹压紧式［图 9－17(b)］。弹簧压紧式将线夹往导线上一挂，再向下一拉就完成操作；螺纹压紧式控制螺纹上下旋转装拆线夹。

9－44　接地线多股软铜线的要求有哪些？

答：多股软铜线是接地线的主要部件，为多股铜质软绞线或编织线外覆绝缘材料制成。其中三根短软铜线（短路电缆）是连接三相导线的短路线部分，一端连接于导线端线夹，另一端连接于汇流夹；一根长软铜线（接地电缆）是接地部分，一端连接于汇流夹，另一端连接于接地元件。接地线采用多股软铜线具有携带方便、导电性能好、柔软和耐高温等特点。

（1）多股软铜线的截面应满足装设地点短路电流的要求，即在短路电流通过时，铜线不会因为产生高热而熔断，且应保持足够的机械强度。

（2）软铜线外面包覆柔韧的绝缘护层应具备对机械、化学损伤的防护能力，保护软铜线避免外伤断股，绝缘护层应耐受 50V 的有效值。常见护层的颜色有两种：

1）亮色，如橘红色或红色，用来增加装置的清晰度。

2）透明，以便于观测软铜线的受腐蚀情况或软铜线表面的损坏迹象，但反复使用后，透明度常会变差。

（3）软铜线与刚性部分（金属端头等）的连接部位的抗疲劳性能要良好。连接时应非常小心，以确保软铜线的最小通流容量，要防止连接部位松动、滑动或转动。不允许通过焊接进行连接。

9－45　接地线接地操作杆的要求有哪些？

答：接地操作杆用于装拆接地线，为泡沫填充绝缘管或空心绝缘管等绝缘

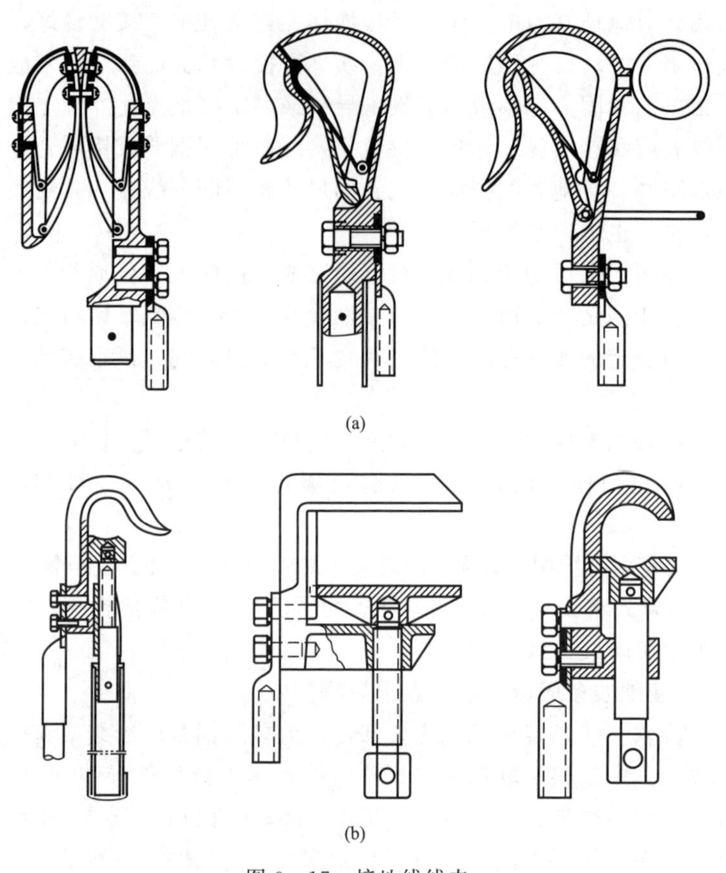

图 9－17　接地线线夹
（a）弹簧压紧式；（b）螺纹压紧式

材料制成。

（1）操作杆握手部分和工作部分交接处应有护环或明显标志。

（2）操作杆及其附件应能承受负载与各种力所产生的弯曲或扭转应力。

（3）操作杆与导线端线夹之间，应允许在拉力或压力不超过 100N 的情况下，安装与拆卸接地操作杆。如果接地操作杆只能靠推或拉来拆卸，则释放力不应少于 50N。

9－46　接地线接地元件的要求有哪些？

答：接地端按使用要求接到接地网上的固定连接点并紧固，紧固力应达到额定紧固力的 2 倍。接地端线夹应无永久变形，固定连接点应无损伤。临时接地极用铁管或圆形、六角形铁棒制成。接地或接地及短路装置的每一个元件都应该能够承受短路电流、额定电流 I_N 在额定时间 t_N 产生的热量及机械应力。

9-47　接地线的外观检查要求是什么？

答：标记清晰明了，应包括以下信息：厂家名称或商标、产品的型号或类别、接地线横截面积（mm^2）、双三角形符号、生产年份。

（1）线夹完整、无损坏，与绝缘杆连接牢固；线夹与电力设备及接地体的接触面无毛刺，与导线表面形状相配，安装后有自锁功能。

（2）接地线绝缘护层应柔韧，厚度不小于1.0mm，护层完好无损，无孔洞、撞伤、擦伤、裂缝、龟裂等现象。

（3）接地线无松股，中间无接头、断股和发黑腐蚀。

（4）汇流夹应由T3或T2铜制成，压接后应无裂纹，与接地线连接牢固。

（5）接地线应采用线鼻与线夹相连接，线鼻与线夹连接牢固，接触紧密，抗疲劳性能良好，连接部位有防止松动、滑动和转动的措施，连接部位无腐蚀及灼伤痕迹。接地线横截面积应符合相关标准的要求。

（6）操作杆的绝缘部件应光滑，无气泡、皱纹、开裂，玻璃纤维布与树脂间黏接完好，杆段间连接、绝缘件与金属件的连接应牢固可靠。

9-48　接地线的预防性试验要求是什么？

答：携带型短路接地线预防性试验项目包括成组直流电阻试验，试验周期不超过5年；接地操作杆的工频耐压和操作冲击耐压试验，试验周期不超过1年。个人保安接地线预防性试验项目为成组直流电阻试验，试验周期不超过5年。接地线在通过短路电流后，应进行预防性试验，合格后方可使用。

9-49　接地线的成组直流电阻试验要求是什么？

答：试验设备为回路电阻测试仪，试验电流20～30A，量程20mΩ，分辨力不大于0.01mΩ。

若首次测量时，直流电阻超出标准值，则应静置后重测。将试品放置在温度稳定的室内静置24h以上，使接地线的温度与室温基本一致。当室内外温差不超过5℃时，静置时间可缩短至为4h。

试验在各线鼻之间进行。先测量各线鼻之间的长度，用回路电阻测试仪测量各线鼻间的直流电阻，并换算至20℃时的单位长度电阻值。该值符合表9-19者为合格。

表9-19　接地线直流电阻

规格（mm^2）	10	16	25	35	50	70	95	120
直流电阻不大于（mΩ/m）	1.95	1.24	0.795	0.565	0.393	0.277	0.210	0.164

试验时，为减小接地线载流后的温升，提高测量精度，每次加载时间不宜超过10s，试验间隔大于10min。

9-50　接地操作杆的工频耐压和操作冲击耐压试验要求是什么？

答：对10～220kV的接地操作杆进行工频耐压试验时，加压时间保持1min，其电气性能应符合表9-20的规定。以无闪络、无击穿、无明显发热为合格。

表9-20　10～220kV接地操作杆交流耐压试验值

额定电压（kV）	试验电极间距离（m）	1min工频耐压值（kV）
10	0.40	45
35	0.60	95
66	0.70	175
110	1.00	220
220	1.80	440
220～500绝缘架空地线	0.40	45
试验设备	0.40	45

330kV及以上电压等级的试品应能通过长时间工频耐受电压试验（以无击穿、无闪络及无明显发热为合格），以及操作冲击耐受电压试验（15次加压以无一次击穿、闪络及明显过热为合格）。其电气性能应符合表9-21的规定。试验接线与要求同绝缘杆。

表9-21　330～750kV接地操作杆电气特性

额定电压（kV）	试验电极间距离（m）	3min工频耐受电压（kV）	操作冲击耐受电压（kV）
330	2.80	380	800
500	3.70	580	1050
750	4.70	780	1300

9-51　接地及接地短路装置的标记要求是什么？

答：接地及接地短路装置的标记要求如下：

（1）一般要求。标记应清晰明了；标记字母高度不应低于3mm；标记应耐用。可通过标记的耐久性测试和目视检查来鉴定符合情况。

（2）接地及接地短路装置上的规定标记。装置标记上至少应有以下内容：厂家名称或商标；产品的型号或类别；横截面积（mm^2），材料和每根电缆上间隔1m的双三角形符号；生产年份。

（3）绝缘部件上的标记。每个接地操作杆上至少有如下内容：制造厂名和商标，型号，生产日期，便携式接地和接地短路装置生产所依据的标准号。标记的位置不应影响杆的使用。如果标签可更换，更换时对正常使用应无影响。可按标记的耐久性测试来鉴定标记的耐久性。

9-52　接地及接地短路装置使用说明书的要求是什么?

答：使用说明书至少应有如下内容：

(1) 标记的解释和对安装的指导；

(2) 维护和检测指南；

(3) 安装与紧固说明；

(4) 扭矩值和可能会松动的辅助紧固零件的保护说明；

(5) 室内使用时额定值的限值；

(6) 温度范围分类；

(7) 装置是否只限于室内使用；

(8) 附加特性的说明；

(9) 经过疲劳试验后，厂家是否需要对装置进行重新装配；

(10) 装置通过短路电流之后必须报废。

应通过目视检测来鉴定符合情况。

9-53　接地线订货须知有哪些?

答：在订购接地线时应提供：电压等级、使用场所、短路线及接地线长度、操作棒长度、线夹型号等内容。

9-54　接地线选用要求是什么?

答：接地线选用要求如下：

(1) 接地线应用多股软铜线，其截面应根据装设地点短路容量的需要来选定。若短路容量大，接地线选择的截面也要大。为了防止接地线通过短路电流时在断路器尚未跳闸前过早地烧断，其截面应满足短路电流热稳定要求，但不得小于 $25mm^2$。接地线截面的选择可按下列简化公式来计算

$$S \geqslant \frac{I_k \sqrt{t}}{C}$$

式中　S——接地线选用截面，mm^2；

I_k——流过接地线的三相短路电流稳定值，A；

C——接地线选用材料稳定系数，铜为 264；

t——对应于所取 I_k 的继电保护动作时间，并考虑到一段保护拒动的可能性，s。

(2) 接地线长度应满足工作现场需要。

(3) 接地线的两端线夹应保证接地线与导体及接地装置接触良好、拆装方便，有足够的机械强度。

9－55　接地线使用和保管要求是什么？

答：接地线使用和保管要求如下：

（1）接地线使用前，应进行外观检查，软铜线有无断头裸露损坏，各处连接是否牢固，如发现软铜线松股、断股、护层严重破损、线夹断裂松动等缺陷时不得使用。

（2）装设接地线，应先装设接地线接地端；验电证实无电后，立即接导体端，并保证接触良好；拆接地线的顺序与此相反，以保证接地线始终处于良好的接地状态，即使出现意外来电时，能有效地限制接地线上的电位，保证装、拆接地线人员的安全。

（3）装设接地线必须由两人进行，若为单人值班，只允许使用接地开关，或使用绝缘棒合接地开关。装设接地线是一项严肃谨慎的工作，如果发生带电装设地线，不仅危及工作人员的安全，而且会引起设备损坏或大面积停电等重大事故。电网曾发生过多起带电装设接地线的事故，绝大多数都是没有严格执行操作监护制，由一人独自操作，要么未验电，要么走错间隔等，因此应吸取事故教训，必须由两人进行装设接地线的操作。

（4）个人保安接地线仅作为预防感应电使用，不得以此代替《安规》规定的工作接地线。只有在工作接地线挂好后，方可在工作相上挂个人保安接地线。

（5）个人保安接地线由工作人员自行携带，凡在110kV及以上有感应电的线路上停电工作时，应在工作相上使用，并不准采用搭连虚接的方法接地。工作结束时，工作人员应拆除所挂的个人保安接地线。

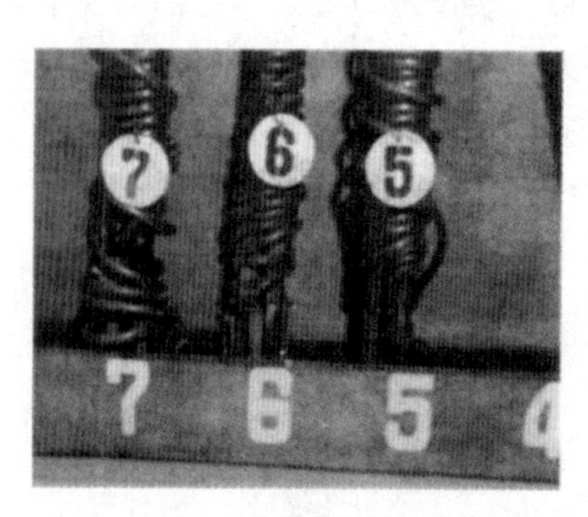

图9－18　接地线编号

（6）应加强对接地线的管理，每组接地线均应编号。设备检修时在模拟图上应标明所挂接地线的数量、位置和编号，与工作票和操作票所列内容及现场装设要求一致。同时运行值班应做好记录，交接时应交接清楚。以防在较复杂的系统中进行部分停电检修时，发生误拆或忘拆接地线而造成事故。接地线应存放在固定的地点。存放位置亦应编号，存放时应对号入座(图9－18)。

9－56　使用接地线的注意事项有哪些？

答：使用接地线的注意事项如下：

（1）接地线在使用过程中不得扭花，以防损伤软铜线绝缘护层。

（2）接地线严禁用缠绕的方法进行连接，这是因为：一则接触不良在通过短路电流时会因过热而过早地烧断；二则接触电阻大，在流过短路电流时将有较大的电压降加到检修设备上，这是很危险的。因此，短路线部分必须使用完好的专用线夹固定或牢靠地接触于导线，同时用专用的夹具固定在接地体上。

（3）接地线装设过程中，人体不得碰触接地线或未接地的导线，以防感应电触电。

（4）装、拆接地线均应使用绝缘棒和绝缘手套。

（5）接地线拆除后，不得从空中丢下，否则将导致线夹破坏或多股软铜线折裂。

（6）接地线不得随地乱摔。应保持接地线的清洁，预防泥沙、脏物进入接地装置的空隙之中而影响正常使用。

（7）经受过短路电流的接地线应报废，不应再使用。

（8）接地线应定期进行检修与试验，影响正常使用的零件应及时更换。

（9）接地线不用时应将软铜线盘好，存放在干燥的室内。

9－57　为什么携带型接地线也称三相短路接地线？

答：携带型接地线也称三相短路接地线，是因为三相短路不接地或三相分别单独接地都是不可靠的。若在三相短路不接地的情况下，如果发生“单相电源侵入”，如一相带电导体意外地接触了停电设备的导电部分，或者由于邻近带电设备或平行线路的电磁感应产生的感应电压，由于没有接地保护，这个电压（指对大地而言）就是工作人员所承受的接触电压，显然会造成严重的触电事故。

如采用三相分别接地，在中性点非直接接地系统中，当“单相电源侵入”时，保护不动作，电源未切断，使作业人员遭受意外来电所产生的危险电压和电弧。

由此可见，携带型接地线采用三相短路接地线是保护工作人员免遭电伤害最有效的措施。检修人员在生产实践中总结出以下安全顺口溜：检修以前看地线，有地线咱就干，无地线向回转，谁让干他去干。

9－58　《安规》对接地线的规定有哪些？

答：DL 5009.2—2013《电力建设安全工作规程　第2部分：电力线路》中有关规定：

3.2.3的8中2）电动机具及设备应装设接地保护。接地线应采用焊接、压接、螺栓连接或其他可靠方法连接，不得缠绕或勾挂。接地线应采用绝缘多股铜线。电动机械与保护零线（PE线）连接线截面一般不得小于相线截面积的1/3且不得小于2.5mm^2，移动式或手提式电动机具与PE线的连接线截面一般不得小于相线截面积的1/3且不得小于1.5mm^2。

3.4.15中3电焊机导线应具有良好的绝缘，绝缘电阻不得小于2MΩ。不得将电焊机导线放在高温物体附近。电焊机接地线的接地电阻不得大于4Ω，接地线不得接在管道、机械设备和建筑物金属物体上。

3.4.34 中 2 接地线

1）工作接地线应用多股软铜线，截面积不得小于25mm²，接地线应有透明外护层，护层厚度大于1mm。

2）接地线的两端线夹应保证接地线与导体和接地装置接触良好、拆装方便。

3）保安接地线仅作为预防感应电使用，不得以此代替工作接地线。保安接地线应使用截面积不小于16mm²的多股软铜线。

4）接地线有绞线断股、护套严重破损以及夹具断裂松动等缺陷时禁止使用。

3.4.34 的 4 中 1）进行设备验电，装拆接地线等工作应戴绝缘手套。

7.9.1 为预防雷电以及临近高困电力线作业时的感应电，应按本规程要求装设可靠接地。

7.9.2 装设接地装置遵守下列规定：

1　保安接地线和工作接地线的截面、材质、护层应符合本规程第3.4.32条第2款的规定。

2　接地线不得用缠绕法连接，应使用专用夹具，连接应可靠。

3　接地棒应镀锌，直径不应小于12mm，插入地下的深度应大于0.6m。

4　装设接地线时，必须先接接地端，后接导线或地线端，拆除时的顺序相反。

5　挂接地线或拆接地线时应设监护人。操作人员应使用绝缘棒（绳）、戴绝缘手套，并穿绝缘鞋。

7.9.5 附件安装时的接地遵守下列规定：

1　附件安装作业区间两端应装设接地线。施工的线路上有高压感应电时，应在作业点两侧加装工作接地线。

2　施工人员应在装设个人保安装地线后，方可进行附件安装。

3　地线附件安装前，应采取接地措施。

4　附件（包括跳线）全部安装完毕后，应保留部分接地线并做好记录，竣工验收后方可拆除。

8.3.7 挂拆工作接地线遵守下列规定：

1　验明线路确无电压后，施工人员应立即在作业范围的两端挂工作接地线，同时将三相短路。凡有可能送电到停电线路的分支线也应挂工作接地线。

2　同杆塔架设有多层电力线时，应先挂低压，后挂高压，先挂下层，后挂上层。工作接地线挂完后，应经现场施工负责人检查确认后方可开始工作。

3　若有感应电压反映在停电线路上时，应在工作范围内加挂工作接地线。在拆除工作接地线时，应防止感应电触电。

4　在绝缘架空地线上工作时，应先将该架空地线接地。

5　挂工作接地线时，应先接接地端，后接导线、地线端。接地线连接应可靠，不得缠绕。拆除时的顺序与此相反。

6　装、拆工作接地线时，施工人员应使用绝缘棒或绝缘绳，人体不得碰触接地线。

8.3.8 工作间断或过夜时，作业段内的全部工作接地线应保留。恢复作业前，应检查接地线是否完整、可靠。

8.3.9 施工结束后，现场施工负责人应对现场进行全面检查，待全部施工人员和所用的工具、材料撤离杆塔后方可命令拆除停电线路上的工作接地线。

8.3.10 工作接地线一经拆除，该线路即视为带电，严禁任何人再登杆塔进行任何工作。

8.3.11 工作终结后，现场施工负责人（工作负责人）应报告工作许可人，报告的内容如下：施工负责人姓名，该线路上某处（说明起止杆塔号、分支线名称等工作已经完工，线路改动情况，工作地点所挂的工作接地线已全部拆除，杆塔和线路上已无遗留物，施工人员已全部撤离。

9.4.7 电缆试验结束，应对被试电缆充分放电，并在被试电缆上加装临时接地线，待电缆尾线接通后方可拆除。

Q/GDW 1799.1—2013《国家电网公司电力安全工作规程　变电部分》中有关规定：

5.3.4.3 中 a）应拉合的设备［断路器（开关）、隔离开关（刀闸）、接地刀闸（装置）等］，验电，装拆接地线，合上（安装）或断开（拆除）控制回路或电压互感器回路的空气开关、熔断器，切换保护回路和自动化装置及检验是否确无电压等。

5.3.4.3 中 e）设备检修后合闸送电前，检查送电范围内接地刀闸（装置）已拉开，接地线已拆除。

6.6.2 中 a）拆除临时遮栏、接地线和标示牌，恢复常设遮栏，换挂“止步，高压危险!”的标示牌。

6.6.3 中 b）将该系统的所有工作票收回，拆除临时遮栏、接地线和标示牌，恢复常设遮栏。

6.6.5 中规定：待工作票上的临时遮栏已拆除，标示牌已取下，已恢复常设遮栏，未拆除的接地线、未拉开的接地刀闸（装置）等设备运行方式已汇报调控人员，工作票方告终结。

7.3.1 验电时，应使用相应电压等级且合格的接触式验电器，在装设接地线或合接地刀闸（装置）处对各相分别验电。验电前，应先在有电设备上进行试验，确认验电器良好；无法在有电设备上进行试验时，可用工频高压发生器等确认验电器良好。

7.4 接地。

7.4.1 装设接地线应由两人进行（经批准可以单人装设接地线的项目及运维人员除外）。

7.4.2 当验明设备确已无电压后，应立即将检修设备接地并三相短路。电缆及电容器接地前应逐相充分放电，星形接线电容器的中性点应接地、串联电容器及与整组电容器脱离的电容器应逐个多次放电，装在绝缘支架上的电容器外壳也应放电。

7.4.3 对于可能送电至停电设备的各方面都应装设接地线或合上接地刀闸（装置），所装接地线与带电部分应考虑接地线摆动时仍符合安全距离的规定。

7.4.4 对于因平行或邻近带电设备导致检修设备可能产生感应电压时，应加装工作接地线或使用个人保安线，加装的接地线应登录在工作票上，个人保安线由作业人员自装自拆。

7.4.5 在门型构架的线路侧进行停电检修，如工作地点与所装接地线的距离小于 10m，工作地点虽在接地线外侧，也可不另装接地线。

7.4.6 检修部分若分为几个在电气上不相连接的部分［如分段母线以隔离开关（刀闸）或断路器（开关隔开分成几段］则各段应分别验电接地短路。降压变电站全部停电时，应将各个可能来电侧的部分接地短路，其余部分不必每段都装设接地线或合上接地刀闸（装置）。

7.4.7 接地线、接地刀闸与检修设备之间不得连有断路器（开关）或熔断器。若由于设备原因，接地刀闸与检修设备之间连有断路器（开关），在接地刀闸和断路器（开关）合上后应有保证断路器（开关）不会分闸的措施。

7.4.8 在配电装置上，接地线应装在该装置导电部分的规定地点，应去除这些地点的油漆或绝缘层，并划有黑色标记。所有配电装置的适当地点，均应设有与接地网相连的接地端接地电阻应合格。接地线应采用三相短路式接地线，若使用分相式接地线时，应设置三相合一的接地端。

7.4.9 装设接地线应先接接地端，后接导体端，接地线应接触良好，连接应可靠。拆接地线的顺序与此相反。装、拆接地线导体端均应使用绝缘棒和戴绝缘手套。人体不得碰触接地线或未接地的导线，以防止触电。带接地线拆设备接头时应采取防止接地线脱落的措施。

7.4.10 成套接地线应由有透明护套的多股软铜线和专用线夹组成，接地线截面积不得小于 $25mm^2$，同时应满足装设地点短路电流的要求。

禁止使用其他导线接地或短路。

接地线应使用专用的线夹固定在导体上，禁止用缠绕的方法进行接地或短路。

7.4.11 禁止作业人员擅自移动或拆除接地线。高压回路上的工作，必须要拆除全部或一部分接地线后始能进行工作者［如测量母线和电缆的绝缘电阻，测量线路参数，检查断路器（开关）触头是否同时接触］，如：

a）拆除一相接地线。

b）拆除接地线，保留短路线。

c）将接地线全部拆除或拉开接地刀闸（装置）。

上述工作应征得运维人员的许可（根据调控人员指令装设的接地线，应征得调控人员的许可），方可进行。工作完毕后立即恢复。

7.4.12 每组接地线及其存放位置均应编号，接地线号码与存放位置号码应一致。

7.4.13 装、拆接地线，应作好记录，交接班时应交待清楚。

8.1 线路的停、送电均应按照值班调控人员或线路工作许可人的指令执行。禁止约时停、送电。停电时，应先将该线路可能来电的所有断路器（开关）、线路隔离开关（刀闸）线隔离开关（刀闸）全部拉开，手车开关应拉至试验或检修位置，验明确无电压后，在线路上所有可能来电的各端装设接地线或合上接地刀闸（装置）。在线路断路器（开关和隔离开关（刀闸）操作把手上或机构箱门锁把手上均应悬挂“禁止合闸，线路有人工作！”的标示牌，在显示屏上断路器（开关）或隔离开关（刀闸）的操作处应设置“禁止合闸，线路有人工作！”的标记。

8.2 值班调控人员或线路工作许可人应将线路停电检修的工作班组数目、工作负责人姓名、工作地点和工作任务做好记录。

工作结束时，应得到工作负责人（包括用户）的工作结束报告，确认所有工作班组均已竣工，接地线已拆除，作业人员已全部撤离线路，与记录核对无误并做好记录后，方可下令拆除变电站或发电厂内的安全措施，向线路送电。

9.8.2 绝缘架空地线应视为带电体。作业人员与绝缘架空地线之间的距离不应小于0.4m（1000kV为0.6m）。如需在绝缘架空地线上作业时，应用接地线或个人保安线将其可靠接地或采用等电位方式进行。

9.10.1 保护间隙的接地线应用多股软铜线。其截面应满足接地短路容量的要求，但不得小于25mm^2。

10.3 中 f）发电机和断路器（开关）间或发电机定子三相出口处（引出线）验明无电压后，装设接地线。

10.4 转动着的发电机、同期调相机，即使未加励磁，亦应认为有电压。

禁止在转动着的发电机、同期调相机的回路上工作，或用手触摸高压绕组。必须不停机进行紧急修理时，应先将励磁回路切断，投入自动灭磁装置，然后将定子引出线与中性点短路接地，在拆装短路接地线时，应戴绝缘手套，穿绝缘靴或站在绝缘垫上，并戴防护眼镜。

10.7 中 a）断开电源断路器（开关）、隔离开关（刀闸），经验明确无电压后装设接地线或在隔离开关（刀闸）间装绝缘隔板；手车开关应拉至试验或检修位置。

10.10 电动机及附属装置的外壳均应接地。禁止在转动中的电动机的接地线上进行工作。

14.1.8 未装接地线的大电容被试设备，应先行放电再做试验。高压直流试验时，每告一段落或试验结束时，应将设备对地放电数次并短路接地。

14.1.9 试验结束时，试验人员应拆除自装的接地短路线并对被试设备进行检查，恢复试验前的状态，经试验负责人复查后，进行现场清理。

15.2.1.13 在 10kV 跌落式熔断器与 10kV 电缆头之间，宜加装过渡连接装置，使工作时能与跌落式熔断器上桩头有电部分保持安全距离。在 10kV 跌落式熔断器上桩头有电的情况下，未采取安全措施前，不准在跌落式熔断器下桩头新装、调换电缆尾线或吊装、搭接电缆终端头。如必须进行上述工作，则应采用专用绝缘罩隔离，在下桩头加装接地线。作业人员站在低位，伸手不得超过跌落式熔断器下桩头，并设专人监护。

15.2.2.1 电力电缆试验要拆除接地线时，应征得工作许可人的许可（根据调控人员指令装设的接地线，应征得调控人员的许可），方可进行。工作完毕后立即恢复。

15.2.2.6 电缆试验结束，应对被试电缆进行充分放电，并在被试电缆上加装临时接地线，待电缆尾线接通后才可拆除。

16.4.2.1 电气工具和用具应由专人保管，每 6 个月应由电气试验单位进行定期检查；使用前应检查电线是否完好，有无接地线；不合格的禁止使用；使用时应按有关规定接好剩余电流动作保护器（漏电保护器）和接地线；使用中发生故障，应立即修复。

16.4.2.4 中 d）行灯变压器的外壳应有良好的接地线，高压侧宜使用单相两极带接地插头。

17.2.1.8 在变电站内使用起重机械时，应安装接地装置，接地线应用多股软铜线，其截面应满足接地短路容量的要求，但不得小于 $16mm^2$。

Q/GDW 1799.2—2013《国家电网公司电力安全工作规程　线路部分》中有关规定：

5.3.8.4 一条线路分区段工作，若填用一张工作票，经工作票签发人同意，在线路检修状态下，由工作班自行装设的接地线等安全措施可分段执行。工作票中应填写清楚使用的接地线编号、装拆时间、位置等随工作区段转移情况。

5.4.2 线路停电检修，工作许可人应在线路可能受电的各方面（含变电站、发电厂、环网线路、分支线路、用户线路和配合停电的线路）都已停电，并挂好操作接地线后，方能发出许可工作的命令。

5.5.1 工作许可手续完成后，工作负责人、专责监护人应向工作班成员交待工作内容、人员分工、带电部位和现场安全措施、进行危险点告知，并履行确认手续，装完工作接地线后，工作班方可开始工作。工作负责人、专责监护人应始终在工作现场。

5.6.2 白天工作间断时，工作地点的全部接地线仍保留不动。如果工作班须暂时离开工作地点，则应采取安全措施和派人看守，不让人、畜接近挖好的基坑或未竖立稳固的杆塔以及负载的起重和牵引机械装置等。恢复工作前，应检查接地线等各项安全措施的完整性。

5.6.3 填用数日内工作有效的第一种工作票，每日收工时如果将工作地点所装的接地线拆除，次日恢复工作前应重新验电挂接地线。

如果经调度允许的连续停电、夜间不送电的线路，工作地点的接地线可以不拆除，但次日恢复工作前应派人检查。

5.7.1 完工后，工作负责人（包括小组负责人）应检查线路检修地段的状况，确认在杆塔上、导线上、绝缘子串上及其他辅助设备上没有遗留的个人保安线、工具、材料等，查明全部作业人员确由杆塔上撤下后，再命令拆除工作地段所挂的接地线。接地线拆除后，应即认为线路带电，不准任何人再登杆进行工作。

5.7.3 工作终结的报告应简明扼要，并包括下列内容：工作负责人姓名，某线路上某处（说明起止杆塔号、分支线名称等）工作已经完工，设备改动情况，工作地点所挂的接地线、个人保安线已全部拆除，线路上已无本班组作业人员和遗留物，可以送电。

5.7.4 工作许可人在接到所有工作负责人（包括用户）的完工报告，并确认全部工作已经完毕，所有作业人员已由线路上撤离，接地线已经全部拆除，与记录核对无误并做好记录后，方可下令拆除安全措施，向线路恢复送电。

6.4.1 线路经验明确无电压后，应立即装设接地线并三相短路（直流线路两极接地线分别直接接地）。

各工作班工作地段各端和工作地段内有可能反送电的各分支线（包括用户）都应接地。直流接地极线路，作业点两端应装设接地线。配合停电的线路可以只在工作地点附近装设一组工作接地线。装、拆接地线应在监护下进行。

工作接地线应全部列入工作票，工作负责人应确认所有工作接地线均已挂设完成方可宣布开工。

6.4.2 禁止作业人员擅自变更工作票中指定的接地线位置。如需变更，应由工作负责人征得工作票签发人同意，并在工作票上注明变更情况。

6.4.3 同杆塔架设的多层电力线路挂接地线时，应先挂低压、后挂高压，先挂下层、后挂上层，先挂近侧、后挂远侧。拆除时顺序相反。

6.4.4 成套接地线应由有透明护套的多股软铜线和专用线夹组成，其截面积不准小于 $25mm^2$，同时应满足装设地点短路电流的要求。

禁止使用其他导线接地或短路。

接地线应使用专用的线夹固定在导体上，禁止用缠绕的方法进行接地或短路。

6.4.5 装设接地线时，应先接接地端，后接导线端，接地线应接触良好、连接应可靠。拆接地线的顺序与此相反。装、拆接地线导体端均应使用绝缘棒或专用的绝缘绳。人体不准碰触接地线和未接地的导线。

6.4.6 在杆塔或横担接地良好的条件下装设接地线时，接地线可单独或合并后接到杆塔上，但杆塔接地电阻和接地通道应良好。杆塔与接地线连接部分应清除油漆，接触良好。

6.4.7 无接地引下线的杆塔，可采用临时接地体。临时接地体的截面积不准小于 $190mm^2$（如 $\phi16$ 圆钢）、埋深不准小于 0.6m。对于土壤电阻率较高地区，如岩石、瓦砾、沙土等，应采取增加接地体根数、长度、截面积或埋地深度等措施改善接地电阻。

6.4.8 在同杆塔架设多回线路杆塔的停电线路上装设的接地线，应采取措施防止接地线摆动，并满足表 3 安全距离的规定。

断开耐张杆塔引线或工作中需要拉开断路器（开关）、隔离开关（刀闸）时，应先在其两侧装设接地线。

6.5.1 工作地段如有邻近、平行、交叉跨越及同杆塔架设线路，为防止停电检修线路上感应电压伤人，在需要接触或接近导线工作时，应使用个人保安线。

6.5.2 个人保安线应在杆塔上接触或接近导线的作业开始前挂接，作业结束脱离导线后拆除。装设时，应先接接地端，后接导线端，且接触良好，连接可靠。拆个人保安线的顺序与此相反。个人保安线由作业人员负责自行装、拆。

6.5.3 个人保安线应使用有透明护套的多股软铜线，截面积不准小于 $16mm^2$，且应带有绝缘手柄或绝缘部件。禁止用个人保安线代替接地线。

6.5.4 在杆塔或横担接地通道良好的条件下，个人保安线接地端允许接在杆塔或横担上。

7.3.3 杆塔、配电变压器和避雷器的接地电阻测量工作，可以在线路和设备带电的情况下进行。解开或恢复杆塔、配电变压器和避雷器的接地引线时，应戴绝缘手套。禁止直接接触与地断开的接地线。

8.3.5.3 经核对停电检修线路的识别标记和线路名称、杆号无误，验明线路确已停电并挂好接地线后，工作负责人方可发令开始工作。

8.4.4 绝缘架空地线应视为带电体。作业人员与绝缘架空地线之间的距离不应小于 0.4m（1000kV 为 0.6m）。如需在绝缘架空地线上作业时，应用接地线或个人保安线将其可靠接地或采用等电位方式进行。

13.8.1 保护间隙的接地线应用多股软铜线。其截面应满足接地短路容量的要求，但不准小于 $25mm^2$。

14.4.1.3 携带型接地线宜存放在专用架上，架上的号码与接地线的号码应一致。

14.4.2.3 携带型短路接地线：接地线的两端夹具应保证接地线与导体和接地装置都能接触良好、拆装方便，有足够的机械强度，并在大短路电流通过时不致松脱。携带型接地线使用前应检查是否完好，如发现绞线松股、断股、护套严重破损、夹具断裂松动等均不准使用。

15.2.1.14 在 10kV 跌落式熔断器与 10kV 电缆头之间，宜加装过渡连接装置，使工作时能与跌落式熔断器上桩头有电部分保持安全距离。在 10kV 跌落式熔断器上桩头有电的情况下，未采取安全措施前，不准在熔断器下桩头新装、调换电缆尾线或吊装、搭接电缆终端头。如必须进行上述工作，则应采用专用绝缘罩隔离，在下桩头加装接地线。作业人员站在低位，伸手不准超过熔断器下桩头，并设专人监护。

上述加绝缘罩工作应使用绝缘工具。雨天禁止进行以上工作。

15.2.2.1 电力电缆试验要拆除接地线时，应征得工作许可人的许可（根据调控人员指令装设的接地线，应征得调控人员的许可）方可进行。工作完毕后立即恢复。

15.2.2.6 电缆试验结束，应对被试电缆进行充分放电，并在被试电缆上加装临时接地线，待电缆尾线接通后才可拆除。

16.4.2.1 电气工具和用具应由专人保管，每 6 个月应由电气试验单位进行定期检查；使用前应检查电线是否完好，有无接地线；不合格的禁止使用；使用时应按有关规定接好剩余电流动作保护器（漏电保护器）和接地线；使用中发生故障，应立即修复。

9－59 缺少接地线的事故案例。

答：在一次线路断线事故抢修中，由于缺少携带型短路接地线，作业人员未在工作地段两端装设短路接地线，只在电源侧用破股铝线将三相短路。作业中线路突然来电，将短路的破股铝线烧断，并将一名作业中的中专毕业生两手严重烧伤，双手被截肢。

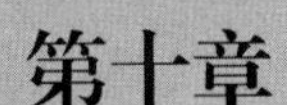

第十章

坠 落 防 护

10-1　安全带的作用及分类有哪些？

答：安全带是预防高处作业人员坠落伤亡的个人防护用品，由腰带、护腰带、围杆带（绳）或悬挂绳和金属配件等组成。安全带分为两类：一类适用于电工等杆上作业的围杆作业安全带，另一类适用于建筑结构、电气安装维修等高处作业的悬挂作业安全带，如图10-1所示。

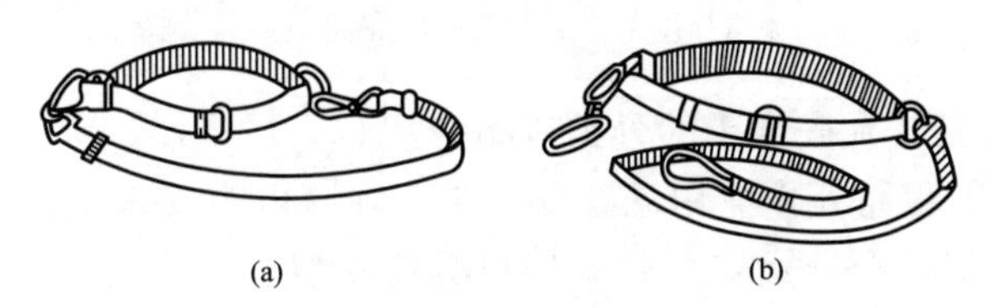

图10-1　安全带
（a）围杆作业安全带；（b）悬挂作业安全带

10-2　围杆作业安全带有哪些分类？

答：围杆作业安全带有多种形式，其中典型代表主要有电工围杆带单腰带式安全带和电工围杆绳单腰带式安全带。

10-3　电工围杆带单腰带式安全带由哪些部件组成？

答：电工围杆带单腰带式安全带的结构，如图10-2所示，主要由腰带连接扣、腰带、悬挂环、三角环、围杆带、挂钩、日字形调节扣、护腰带和工具袋等部件组成。

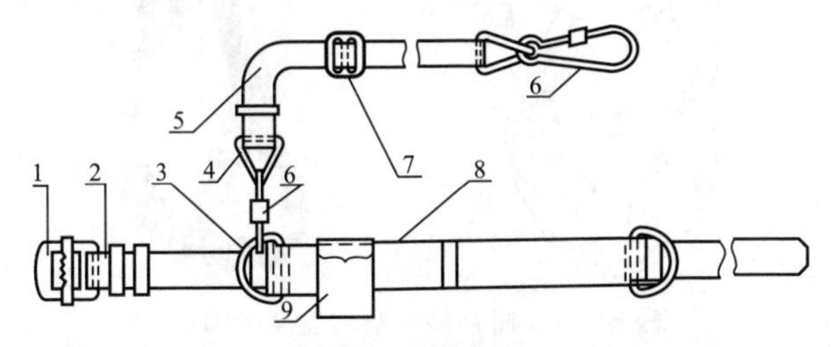

图10-2　电工围杆带单腰带式安全带结构
1—腰带连接扣；2—腰带；3—悬挂环；4—三角环；5—围杆带；
6—挂钩；7—日字形调节扣；8—护腰带；9—工具袋

10－4　电工围杆绳单腰带式安全带由哪些部件组成？

答：电工围杆绳单腰带式安全带的结构，如图10－3所示，主要由腰带连接扣、腰带、挂钩、悬挂环、护腰带、8字形调节扣、防护套、围杆绳和调节器等部件组成。

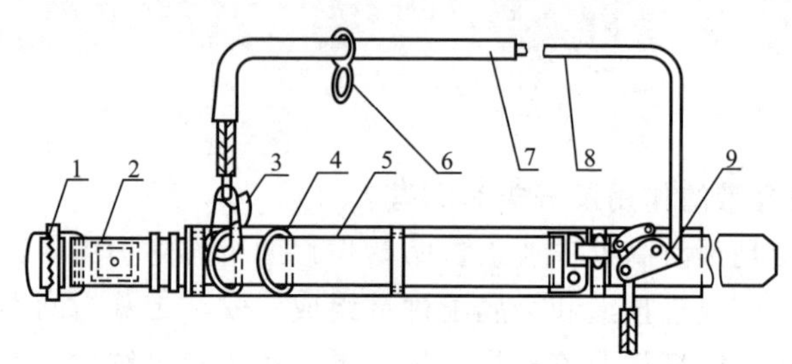

图10－3　电工围杆绳单腰带式安全带

1—腰带连接扣；2—腰带；3—挂钩；4—悬挂环；5—护腰带；6—8字形调节扣；7—防护套；8—围杆绳；9—调节器

10－5　悬挂作业安全带的分类有哪些？

答：电力工程高处作业用悬挂安全带，在《电力安全工作规程》中明确为全身式安全带，全身式安全带一般可分简易型全身式安全带、标准型全身式安全带和坐型全身式安全带三种。

10－6　简易型全身式安全带由哪些部件组成？

答：简易型全身式安全带的结构，如图10－4所示，主要由带体、背部悬挂环、前胸系环、肩部调节扣和腿部调节扣等部件组成。

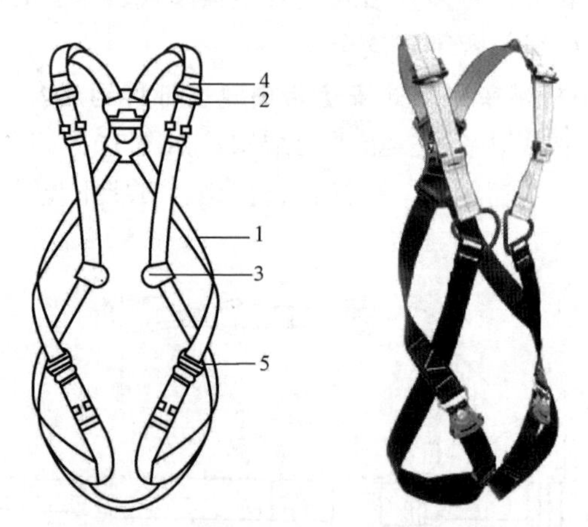

图10－4　简易型全身式安全带结构

1—带体；2—背部悬挂环；3—前胸系环；4—肩部调节扣；5—腿部调节扣

10－7　标准型全身式安全带由哪些部件组成？

答：标准型全身式安全带的结构，如图10－5所示，主要由背部悬挂环、背部悬挂环调节扣、前胸悬挂环、护腿环、安全扣（连接器）、护腰带、腹部悬挂环、水平腰带悬挂环、后扣连接器、调节扣及带体等部件组成。

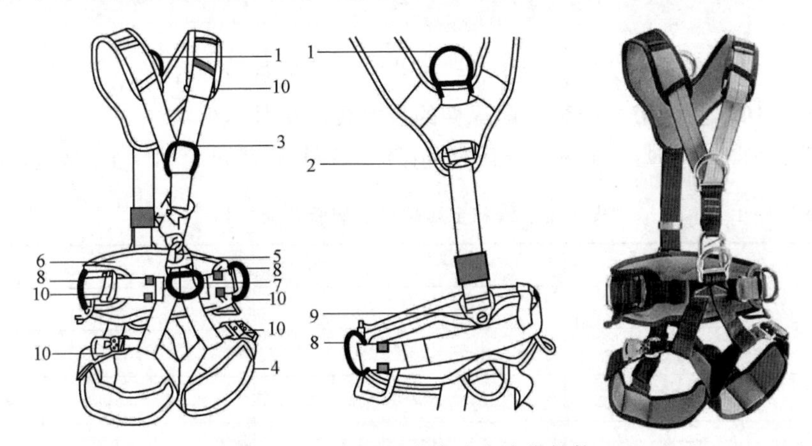

图 10-5　标准型全身式安全带结构

1—背部悬挂环；2—背部悬挂环调节扣；3—前胸悬挂环；4—护腿环；5—安全扣（连接器）；6—护腰带；7—腹部悬挂环；8—水平腰带悬挂环；9—后扣连接器；10—调节扣

10-8　坐型全身式安全带由哪些部件组成？

答：坐型全身式安全带的结构，如图 10-6 所示，其特点是坚硬的坐垫配合宽大、柔软的腰带。

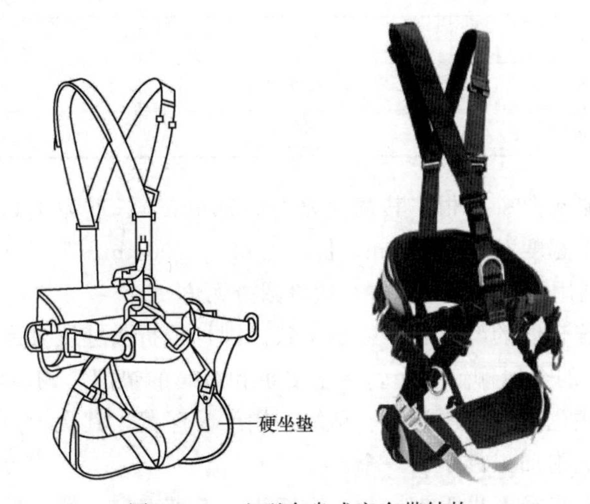

图 10-6　坐型全身式安全带结构

10-9　安全带的材料要求是什么？

答：安全带的材料要求如下：

（1）安全带和绳必须用锦纶、维纶、蚕丝料。电工围杆带可用黄牛带革。金属配件用普通碳素钢或铝合金钢。全身安全带带体主要原材料为尼龙和聚酯纤维。

（2）包裹绳子的防护套用皮革、轻带、维纶或橡胶制作。

10－10　安全带、绳和金属配件的技术要求是什么？

答：（1）安全带、绳和金属配件的破断负荷指标满足表10－1的要求。

表10－1　安全带、绳和金属配件的破断负荷指标

名　称	破坏负荷	
	N	kgf
腰　带	14 709	1500
护腰带	9806	1000
围杆带	14 709	1500
围杆绳 ϕ16mm	23 534.4	2400
挂　钩	11 767.2	1200
腰带连接扣	7844.8	800
圆　环	11 767.2	1200
半圆环	11 767.2	1200
三角环	11 767.2	1200
8字环	11 767.2	1200
品字环	11 767.2	1200
调节扣	9806	1000

（2）腰带必须是一整根，其宽度为40～50mm，长度为1300～1600mm。

（3）护腰带宽度不小于80mm，长度为600～700mm。带子接触腰部分垫有柔软材料，外层用织带或轻革包好，边缘圆滑无角。

（4）带子缝合线的颜色和带颜色一致。围杆带折头缝线方形框中，用直径为4.5mm以上的金属铆钉一个，下垫皮革和金属的垫圈，铆面要光洁。

（5）带子颜色主要采用深绿、草绿、橘红、深黄，其次为白色等。

（6）腰带上附加工具小袋一个。

（7）围杆绳直径不小于16mm，捻度为7.5花/100mm。电焊工使用悬挂绳必须全部加套，其他悬挂绳只部分加套，吊绳不加套。绳头要编成3～4道加捻压股插花，股绳不准有松紧。

（8）金属钩必须有保险装置。自锁钩的卡齿用在钢丝绳上时，硬度为洛氏

HRC60。金属钩舌弹簧有效复原次数不少于2万次。钩体和钩舌的咬口必须平整，不得偏斜。

（9）金属配件表面光洁，不得有麻点、裂纹；边缘呈圆弧形；表面必须防锈。不符合上述要求的配件，不准装用。

（10）金属配件圆环、半圆环、三角环、8字环、品字环等不许焊接，边缘成圆弧形。调节扣只允许对接焊。

10-11 安全带应具备的性能有哪些？

答：安全带应具备如下性能（图10-7）：

（1）发生高空坠落时能拉住作业人员，有足够的机械强度来承受人体摔下时的冲击力，保证作业人员不继续坠落，并确保作业人员不会从带中滑脱，同时安全带的材质应具有一定的耐磨性。

（2）安全带应能防止人体坠落到能致伤的某一限度，即它应在这一限度前就能拉住人体，使之不能再往下坠落，人体由高处向下坠落时，如超过某一限度，即使用绳子把人拉住了，因所受的冲击力太大，也会使人体内脏损伤甚至造成死亡。因此，安全带上系的绳不能太长，要有一定限制，超过3m应加缓冲器，即在人体坠落时，安全带应能提供最佳的动力分布。

（3）让空中悬挂的作业人员处于可能自救的最佳状态，并维持人体处于最佳位置。

（4）应使作业人员在最安全、舒适和有效率的情况下活动自如。

10-12 安全带外观检查的主要内容有哪些？

答：安全带外观检查的主要内容如下：

（1）标识清晰，各部件完整无缺失、无伤残破损。

（2）腰带、围杆带、围杆绳无灼伤、脆裂、断股、霉变，各股松紧一致，绳子应无扭结，腰带、围杆带表面不应有明显磨损；护腰带完整，带子接触腰部分垫有柔软材料，边缘圆滑无角。

（3）缝合线完整无脱线，铆钉连接牢固不松动，铆面平整。

（4）金属配件表面光洁，无裂纹、无严重锈蚀和目测可见的变形，配件边缘应呈圆弧形。

（5）金属钩必须有保险装置，且操作灵活。钩体和钩舌的咬口必须完整，两者不得偏斜。

10-13 安全带的预防性试验项目和周期是什么？

答：安全带的预防性试验项目为静负荷试验和冲击试验，试验周期为1年。

10-14 安全带静负荷试验的要求是什么？

答：新购入以及满试验周期的安全带应按批逐条进行静负荷试验。对腰带和围杆带（绳）按图 10－8 连接做整体静负荷试验。施加的试验静负荷值及负荷时间见表 10－2。

图 10－7　安全带应具备的性能

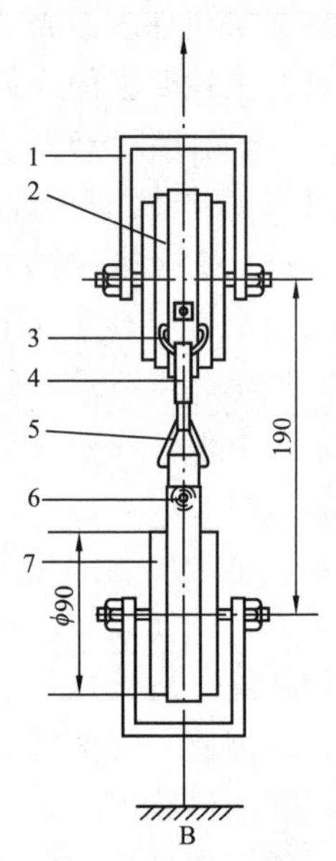

图 10－8　腰带及围杆带（绳）整体静负荷试验图

1—夹具；2—安全带；3—半圆环；4—挂钩；5—三角环；6—围杆带或围杆绳；7—木轮；B—固定端

表 10－2　　安全带静负荷试验标准表

要　求			说　明
种　类	试验静拉力（N）	载荷时间（min）	牛皮带试验周期为 6 个月
腰　带	2205	5	
围杆带	2205	5	
围杆绳	2205	5	

简易型全身式安全带静载荷要求如图 10－9 所示；标准型全身式安全带静载荷要求如图 10－10 所示。全身式安全带上的每处悬挂点必须能够承受大于 15kN 的静负载 3min。

试验后，安全带各部件无破断、裂纹、永久变形和脱钩或缝线绷断等现象者为合格。

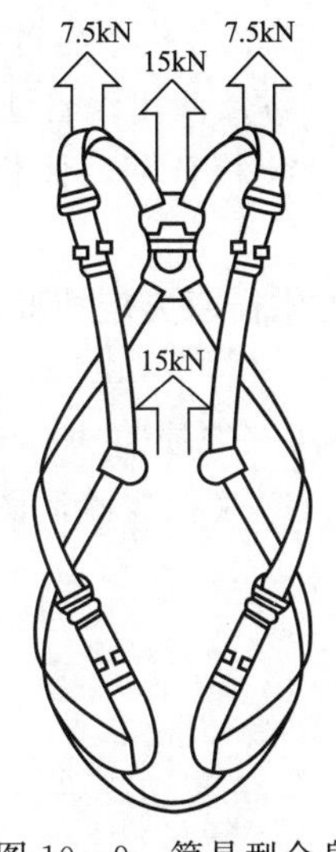

图 10－9　简易型全身安全带静载荷要求

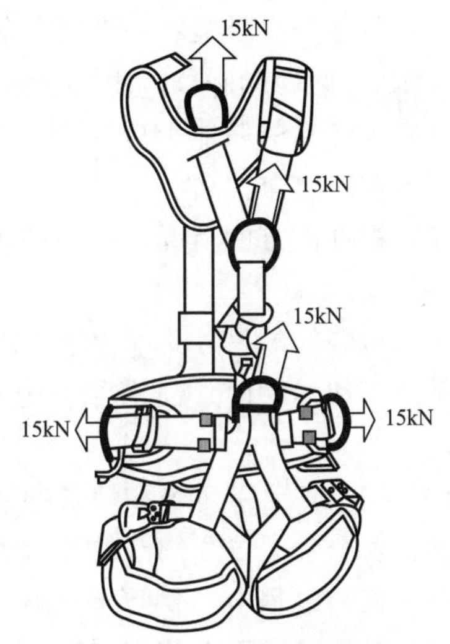

图 10－10　标准型全身安全带静载荷要求

10－15　安全带冲击试验的要求是什么？

答：冲击试验仅限于全身式安全带，新购入以及满试验周期的全身式安全带应按批抽取总数的 2%，不足 1 条时按 1 条计；一般也可在同批次中抽取外观最差的全身式安全带进行冲击试验。

冲击试验合格后，该批次全身式安全带方可继续使用，以后每年抽检一次，抽检发现有不合格者，则该批次全身式安全带即报废。

图 10－11 所示为提升模拟人使其腰部与悬挂处成一水平位置，释放模拟人，使其自由坠落。试验中，各部件无破断、裂纹和脱钩或缝线绷断现象者为合格。对抽试过的样带，必须更换安全绳后才能继续使用。

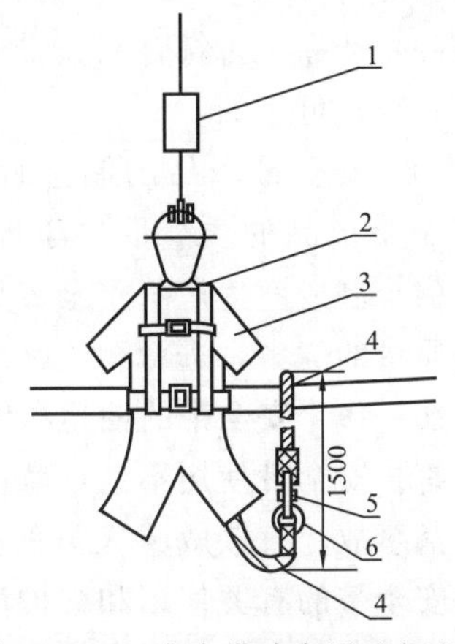

图 10－11　安全带冲击测试方法图

1—释放器；2—安全带；3—模拟人；4—绳；5—挂钩；6—圆环

10－16　安全带标志和包装的要求是什么？

答：安全带标志和包装的要求如下：

（1）金属配件上应打上制造厂的代号。

（2）安全带的带体上应缝上永久字样的商标、合格证和验证。

（3）合格证应注明：产品名称，生产年月，拉力试验 4412.7N（450kgf），冲击重量 100kg，制造厂名，检验员姓名等。

（4）每条安全带装在一个塑料袋内。袋上印有：产品名称，生产年月，静负荷4412.7N（450kgf），冲击重量100kg，制造厂名称及使用保管注意事项。

（5）装产品的箱体上应注明：产品名称，数量，装箱日期，体积和重量，制造厂名和送交单位名。

（6）根据需方的情况，产品的包装允许变更，但供需双方应协商一致，并有文字依据。

（7）包装箱的尺寸选择和标志应符合GB/T 4892《硬质直方体运输包装尺寸系列》和GB 190《危险货物包装标志》、GB/T 191《包装储运图示标志》的规定。

10－17　安全带运输和储藏的要求是什么？

答：安全带运输和储藏的要求如下：

（1）运输过程中，要防止日晒、雨淋。

（2）搬运时，不准使用有钩刺的工具。

（3）安全带应储藏在干燥、通风的仓库内，不准接触高温、明火、强酸和尖锐的坚硬物体，也不准长期曝晒。

10－18　安全带的选购要求是什么？

答：购买任何安全带前，应注意安全带不是都完全相同的。应比较和对照安全带从结构到编织带布置的所有细节，以满足舒适感和使用安全性的要求，并要求制造商提供如下书面证明：

（1）产品的生产地。工厂是否通过ISO 9000认证，是否取得生产许可证。因这些证书可证明工厂在设计、开发、生产的质量保证方面符合严格的国际或国家标准。

（2）产品是否符合相关安全带技术标准。因符合相关技术标准的安全带，质量一定是可靠的。

（3）安全带产品的制造商是否有较完善的原材料进货过程控制程序。因安全带产品的质量取决于原材料、部件的质量。

（4）制造商生产的安全带是否经过认证认可的第三方专业机构的检测。安全带质量的优劣，进行相关标准要求的试验，其试验结果是最有发言权的。

10－19　安全带的使用和维护注意事项有哪些？

答：安全带使用不当，就不能使安全带起到充分的防护作用，将会发生人员坠落事故，直接威胁人员的生命安全。所以安全带要使用得当，并精心维护。安全带的有关使用和维护注意事项如下：

（1）必须选择适合自己的安全带。挑选适合自己的安全带是很重要的，如果安全带太紧，就会限制活动能力，产生不舒服感觉，特别是悬吊在半空中的时候；太松，则会产生滑动，摩擦身体产生不舒服感觉，在发生倒栽葱的坠落时，甚至于会从安全带的腰带中滑脱出来。在悬吊时也有可能因为安全带太松，腰带被拉到胸部，压迫到横膈膜而让人呼吸不畅。另外，穿不合身的安全带，会因重复的作业动作，造成各处缝线及带子的磨损程度不一致，除了使带子表面形成毛球外，车缝线的磨损更会导致安全带在受力时断裂，所以必须根据个人的身材选用适当尺寸的安全带。

（2）应选用经检验合格的安全带，使用前应检查安全带产品和包装上有无合格标识，检查外观是否完好、部件是否齐全、带绳有无脆裂、割痕、磨损、断股或扭结及各缝合处的连接是否牢固，检查金属配件有无裂纹变形、焊接有无缺陷、有无严重锈蚀，检查挂钩的钩舌咬口是否平整不错位、保险装置是否完整可靠、操作是否正常，检查铆钉有无明显偏位、表面是否平整。发现安全带不符合要求时，应及时调换或停止使用。

（3）安全带使用过程中应高挂低用［图 10－12(a)］或水平悬挂［图 10－12(b)］，严禁低挂高用。高挂低用就是将安全带的绳挂在高处，人在下面工作；水平悬挂就是安全带的挂钩挂在和腰带同一水平的位置。使用中应防止安全带摆动碰撞。

(a)

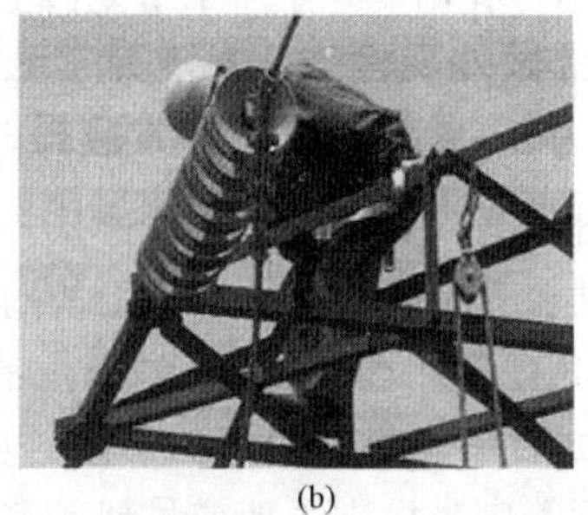
(b)

图 10－12　安全带的拴挂

（a）高挂低用；（b）水平悬挂

（4）作业时应将安全带的钩、环挂在牢固的物体上，禁止系挂在移动或不牢固的物件上，不得系在棱角锋利处，并关合各个挂钩，关好保险装置，以防脱落；不准将挂钩直接挂在安全绳上使用，应挂在连接环上，以免发生坠落时安全绳被割断。

（5）不准将绳打结使用，以免发生冲击时绳从打结处断开。

（6）不得私自拆换安全带上的各种配件，更换新件时，应选择合格的配件；更换新绳时应注意加绳套。

（7）安全带使用和存放时应避免接触高温、明火、强酸、强碱、化学药物以及有锐角和坚硬物体，以免将其损坏。安全带不使用时，应收藏于远离阳光及潮湿之处。

（8）安全带需要清洗时（指锦纶、尼龙材料），可放在低温水中，用肥皂或洗衣粉轻轻搓洗，再用清水漂干净，然后将它吊挂在阴凉通风处晾干，不允许将其浸入热水中以及在烈日下曝晒或用火烤。

10－20 《安规》对安全带的使用要求有哪些？

答：DL 5009.1—2014《电力建设安全工作规程　第1部分：火力发电》规定：

4.2.1中7进入施工现场人员必须正确佩戴安全帽，高处作业人员必须正确使用安全带、穿防滑鞋；长发应放入安全帽内。

4.5.3中10在电杆上进行作业前，应确认电杆及拉线强度足够，埋设应牢固可靠，并应选用适合杆型的脚扣，系好专用安全带；在外墙、架构及电杆上作业时，地面应有专人监护、联络；登高工具应按表4.5.3-5的规定进行检查、试验。

4.8.1中2脚手架搭、拆作业人员应无妨碍所从事工作的生理缺陷和禁忌证。非专业工种人员不得搭、拆脚手架。搭设脚手架时作业人员应挂好安全带，穿防滑鞋，递杆、撑杆作业人员应密切配合。

4.8.1的20中5）在架子上翻脚手板时，应由两人从里向外按顺序进行。工作时必须挂好安全带，下方应设安全网。

4.9.1中5高处作业人员使用软梯或钢爬梯上下攀登时，应使用攀登自锁器或速差自控器。攀登自锁器或速差自控器的挂钩应直接钩挂在安全带的腰环上，不得挂在安全带端头的挂钩上使用。

4.10.1的8高处作业应系好安全带，安全带应挂在上方的牢固可靠处。

4.14.2的7刷外开窗扇的油漆时应将安全带挂在牢固的地方。油漆封檐板、水落管等应搭设脚手架或吊架。在坡度大于25°的地方作业时应设置活动板梯、防护栏杆和安全网。

4.14.4的9进入煤粉仓作业前，应先进行检查，确认无窒息可能以及无可燃性气体存在后，方可进入。作业人员的安全带应拴挂在仓外牢固的物体上，仓外至少应有两人监护，监护人应能直接看到作业人员。

4.15.11拆除作业人员应站在稳定的结构或脚手架上操作，高处作业时，应系好安全带并挂在暂不拆除部分的牢固结构上。

5.3.4的6中4）悬岩陡坡上作业人员应系好安全带，安全带应可靠固定。

5.5.4中13作业人员上下桩井应系好安全带，并正确使用攀登自锁器。

5.6.1的8中4）拆除模板时应选择稳妥可靠的立足点，高处拆模时应系好安全带。

5.6.2的4中6）高处绑扎圈梁、挑檐、外墙、边柱等钢筋时，应搭设外挂架和安全网，并系好安全带。

5.7.1 的 20 中 4）拆除工作应统一指挥，分工明确，通信畅通；拆除人员安全带应系挂在可靠处。

5.7.2 的 9 中 4）施工人员必须系安全带，安全带应拴在靠模板一侧的立杆或横杆上，不得拴在其他杆件上。

5.10.4 的 3 使用坐板式单人吊具时，作业人员应先系好安全带，再将自锁器按标记方向安装在安全绳上，扣好保险，最后安装座板装置，检查无误后方可自行调整工作绳进行作业。

5.10.4 的 4 每次施工前检查固定点、坐板、工作绳、安全绳、安全带、下降器、连接器、自锁器等零部件应齐全、可靠，连接部位应灵活、无磨损、锈蚀、裂纹。

6.2.6 的 7 进入煤斗及煤粉仓的作业人员，安全带应系挂在煤斗或煤粉仓外面的牢固处，并应有专人在外面监护。

6.2.7 的 7 人工提吊保温材料时，上方接料人员应站在平台上防护栏杆内侧并系挂好安全带。

6.3.3 的 1 中 10）在软母线上作业，宜使用高空作业车，使用竹梯或竹杆横放在导线上骑行作业时应系好安全带。骑行作业母线的截面一般不得小于 120mm^2。

6.3.4 的 1 中 6）高处敷设电缆时，作业面应安全可靠。作业人员应系好安全带，严禁攀登电缆架或吊架。

DL 5009.2—2013《电力建设安全工作规程　第 2 部分：电力线路》规定：

3.3.1 的 5 高处作业时，作业人员必须正确使用安全带。

3.3.1 的 6 高处作业时，宜使用全方位防冲击安全带，并应采用速差自控器等后备保护设施。安全带及后备防护设施应固定在构件上，不宜低挂高用。高处作业过程中，应随时检查扣结绑扎的牢靠情况。

3.3.1 的 7 安全带在使用前应进行检查是否在有效期，是否有变形破裂等情况，不得使用不合格的安全带。

3.4.16 的 5 在离地 2m 以上或边坡上作业时，应系好安全带。不得在山坡上拖拉风管，当需要拖拉时，应先通知坡下的施工人员撤离。

3.4.33 的 2 中 1）安全带的制造、使用及试验应符合现行国家标准《安全带》（GB 6095）和《安全带测试方法》（GB 6096）的规定，并按附录 B 中表 B.4 的规定进行定期检验。

3.4.33 的 2 中 2）坠落悬挂安全带的安全绳同主绳的连接点应固定于佩戴者的后背、后腰或前胸。

3.4.33 的 2 中 4）安全带、绳使用过程中不应打结。不得将安全绳用作悬吊绳。

5.1.3 中 4 在悬岩陡坡上作业时应设置防护栏杆并系安全带。

7.7.4 附件安装时，安全绳或速差自控器应拴在横担主材上。安装间隔棒时，安全带应挂在一根子导线上，后备保护绳应拴在整相导线上。

Q/GDW 1799.1—2013《国家电网公司电力安全工作规程　变电部分》中有关规定：

9.9.3 绝缘斗中的作业人员应正确使用安全带和绝缘工具。

9.12.1 进行直接接触 20kV 及以下电压等级带电设备的作业时，应穿着合格的绝缘防护用具（绝缘服或绝缘披肩、绝缘手套、绝缘鞋）；使用的安全带、安全帽应有良好的绝缘性能，必要时戴护目镜。使用前应对绝缘防护用具进行外观检查。作业过程中禁止摘下绝缘防护用具。

18.1.4 在屋顶以及其他危险的边沿进行工作，临空一面应装设安全网或防护栏杆，否则，作业人员应使用安全带。

18.1.5 在没有脚手架或者在没有栏杆的脚手架上工作，高度超过 1.5m 时，应使用安全带，或采取其他可靠的安全措施。

18.1.6 安全带和专作固定安全带的绳索在使用前应进行外观检查。安全带应按附录 L 定期检验，不合格的不准使用。

18.1.7 在电焊作业或其他有火花、熔融源等的场所使用的安全带或安全绳应有隔热防磨套。

18.1.8 安全带的挂钩或绳子应挂在结实牢固的构件上，或专为挂安全带用的钢丝绳上，并应采用高挂低用的方式。禁止挂在移动或不牢固的物件上[如隔离开关（刀闸）支持绝缘子、CVT 绝缘子、母线支柱绝缘子、避雷器支柱绝缘子等]。

18.1.9 高处作业人员在作业过程中，应随时检查安全带是否拴牢。高处作业人员在转移作业位置时不得失去安全保护。

18.3.1 阀体工作使用升降车上下时，升降车应可靠接地，在升降车上应正确使用安全带，进入阀体前，应取下安全帽和安全带上的保险钩，防止金属打击造成元件、光缆的损坏，但应注意防止高处坠落。

Q/GDW 1799.2—2013《国家电网公司电力安全工作规程　线路部分》中有关规定：

7.4.2 砍剪树木时，应防止马蜂等昆虫或动物伤人。上树时，不应攀抓脆弱和枯死的树枝，并使用安全带。安全带不准系在待砍剪树枝的断口附近或以上。不应攀登已经锯过或砍过的未断树木。

9.2.2 登杆塔前，应先检查登高工具、设施，如脚扣、升降板、安全带、梯子和脚钉、爬梯、防坠装置等是否完整牢靠。禁止携带器材登杆或在杆塔上移位。禁止利用绳索、拉线上下杆塔或顺杆下滑。攀登有覆冰、积雪的杆塔时，应采取防滑措施。

上横担进行工作前，应检查横担连接是否牢固和腐蚀情况，检查时安全带（绳）应系在主杆或牢固的构件上。

9.2.3 作业人员攀登杆塔、杆塔上转位及杆塔上作业时，手扶的构件应牢固，不准失去安全保护，并防止安全带从杆顶脱出或被锋利物损坏。

9.2.4 在杆塔上作业时，应使用有后备保护绳或速差自锁器的双控背带式安全带，当后备保护绳超过 3m 时，应使用缓冲器。安全带和后备保护绳应分别挂在杆塔不同部位的牢固构件上。后备保护绳不准对接使用。

9.2.7 在相分裂导线上工作时，安全带（绳）应挂在同一根子导线上，后备保护绳应挂在整组相导线上。

10.4 在坝顶、陡坡、屋顶、悬崖、杆塔、吊桥以及其他危 险的边沿进行工作，临空一面应装设安全网或防护栏杆，否则，作业人员应使用安全带。

10.6 在没有脚手架或者在没有栏杆的脚手架上工作，高度超过 1.5m 时，应使用安全带，或采取其他可靠的安全措施。

10.7 安全带和专作固定安全带的绳索在使用前应进行外观检查。安全带应按附录 M 定期检验，不合格的不准使用。

10.8 在电焊作业或其他有火花、熔融源等的场所使用的安全带或安全绳应有隔热防磨套。

10.9 安全带的挂钩或绳子应挂在结实牢固的构件或专为挂安全带用的钢丝绳上，并应采用高挂低用的方式。禁止系挂在移动或不牢固的物件上［如隔离开关（刀闸）支持绝缘子、瓷横担、未经固定的转动横担、线路支柱绝缘子、避雷器支柱绝缘子等］。

10.10 高处作业人员在作业过程中，应随时检查安全带是否拴牢。高处作业人员在转移作业位置时不准失去安全保护。钢管杆塔、30m 以上杆塔和 220kV 及以上线路杆塔宜设置作业人员上下杆塔和杆塔上水平移动的防坠安全保护装置。

13.7.3 绝缘斗中的作业人员应正确使用安全带和绝缘工具。

13.10.1 进行直接接触 20kV 及以下电压等级带电设备的作业时，应穿着合格的绝缘防护用具（绝缘服或绝缘披肩、绝缘手套、绝缘鞋）；使用的安全带、安全帽应有良好的绝缘性能，必要时戴护目镜。使用前应对绝缘防护用具进行外观检查。作业过程中禁止摘下绝缘防护用具。

14.4.2.6 安全带：腰带和保险带、绳应有足够的机械强度，材质应有耐磨性，卡环（钩）应具有保险装置，操作应灵活。保险带、绳使用长度在 3m 以上的应加缓冲器。

10－21　未系安全带的事故案例。

图 10－13　案例一示意图

答：某条线路在检修中，由于一名检修人员未系安全带，当杆塔上工作人员不小心掉下工具时，检修人员被砸伤并坠落，见图10－13。如果当时该检修人员系着安全带，就可以避免高处坠落事故的发生。

某供电局线路检修班一青工，在进行登杆合柱上开关送电时，因未系安全带，不慎从6m高处失足摔跌到水泥地面上，造成头部颅底骨折，险些丧命，见图10－14。某供电局在进行检修时，其中陆某因未系安全带，从2.5m支架上坠落下来，当时休克后经医院检查为脊椎骨压缩性骨折，双下肢失去知觉。惨痛的教训应引以为戒，在高处作业时千万别忘了系上安全带，如图10－15所示。

图 10－14　案例二示意图

图 10－15　案例三示意图

10－22　安全绳的作用是什么?

答：安全绳广泛应用于架空线路等高处作业中，是高处作业人员作业时必须具备的防护用具。安全绳通常与安全带配合使用，工作人员在高处作业时，将其绑在同一平面处的固定点上，是安全带上保护人体不坠落的系绳。

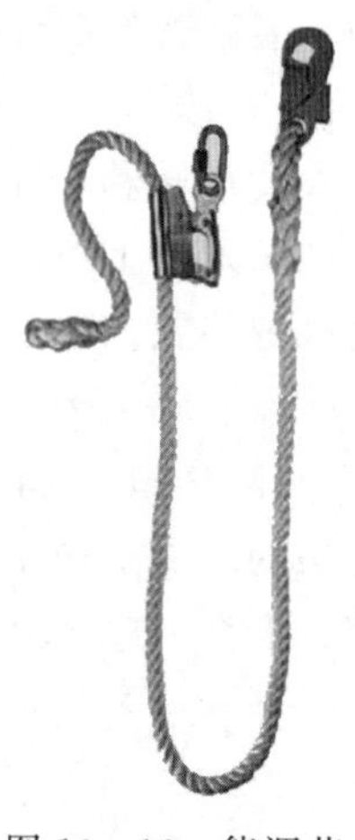
图 10－16　能调节长度的安全绳

10－23　安全绳的技术要求是什么?

答：安全绳直径不小于13mm，捻度为（8.5～9）花/100mm，破坏负荷不小于14 709N。能调节长度的安全绳，表面应进行胶化处理，破坏负荷应不小于20kN，如图10－16所示。安全绳应满足重量轻、柔性好、强度高等要求。

10－24　安全绳外观检查的主要内容是什么?

答：安全绳无灼伤、脆裂、断股、霉变，各股松紧一致，绳子应无扭结。

10－25　安全绳预防性试验的要求是什么？

答：安全绳预防性试验项目为静负荷试验，试验周期为1年。新购入以及满试验周期的安全绳应按批逐条进行静负荷试验，按图10－17连接，试验静负荷为2205N，载荷时间5min。试验后，安全绳各部件无破断、裂纹、永久变形或脱钩现象者为合格。

10－26　安全绳的标志要求是什么？

答：安全绳上应加色线代表生产厂，以便识别。

10－27　安全绳的使用和维护要求是什么？

答：安全绳的使用和维护要求如下：

（1）每次使用前必须详细进行外观检查，安全绳应完好无损，若有断股现象，禁止使用。

（2）注意保持绳子的防护套完好，以防安全绳被尖锐物割伤或磨损。

（3）在低温环境中使用安全绳时，要注意防止安全绳变硬割裂。

（4）使用的安全绳必须按规定进行定期静负荷试验，并做好合格标志。

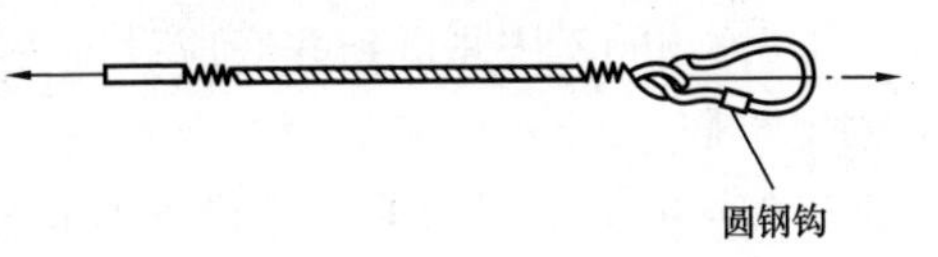

图10－17　安全绳静负荷试验

（5）安全绳用完后应放置在专用柜中，切勿接触高温、明火及酸类物质。

10－28　《安规》对安全绳的使用要求有哪些？

答：DL 5009.1—2014《电力建设安全工作规程　第1部分：火力发电》规定：

4.7.3的2中7）吊起的重物确需在空中停留较长时间时，应将手拉链拴在起重链上，并在重物上加设安全绳，安全绳选择应符合本部分4.12的规定。

4.10.1的4 当高处行走区域不便装设防护栏杆时，应设置手扶水平安全绳，且符合下列规定：

1）手扶水平安全绳宜采用带有塑胶套的纤维芯6×37＋1钢丝绳，其技术性能应符合《圆股钢丝绳》（GB 1102）的规定，并有产品生产许可证和产品出厂合格证。

2）钢丝绳两端应固定在牢固可靠的构架上，在构架上缠绕不得少于两圈，与构架棱角处相接触时应加衬垫。宜每隔5m设牢固支撑点，中间不应有接头。

3）钢丝绳端部固定和连接应使用绳夹，绳夹数量应不少于三个，绳夹应同向排列；钢丝绳夹座应在受力绳头的一边，每两个钢丝绳绳夹的间距不应小于钢丝绳直径的6倍；末端绳夹与中间绳夹之间应设置安全观察弯，末端绳夹与绳头末端应留有不小于200mm的安全距离。

4）钢丝绳固定高度应为1.1m～1.4m，钢丝绳固定后弧垂不得超过30mm。

5）手扶水平安全绳应作为高处作业人员行走时使用。钢丝绳应无损伤、腐蚀和断股，固定应牢固，弯折绳头不得反复使用。

4.10.1中11高处作业人员应配带工具袋，工具应系安全绳；传递物品时，严禁抛掷。

4.10.1中17空作业应使用吊篮、单人吊具或搭设操作平台，且应设置独立悬挂的安全绳、使用攀登自锁器，安全绳应拴挂牢固，索具、吊具、操作平台、安全绳应经验收合格后方可使用。

4.13.1的16中7）在容器或坑井内作业时，作业人员应系安全绳，绳的另一端在容器外固定牢固。

5.2.7的4中18）篮安装后应依次进行绝缘性能、安全锁、安全绳、空负荷试验。

5.5.4中12从井口到井底应设置一条供井内作业人员应急使用的安全绳，并固定牢固。

5.6.4中5子起吊前，应设临时爬梯或操作平台，并加装攀登自锁器专用安全绳。

5.9.2中3安全绳与工作索具应分别固定在不同的固定点上，且应牢固可靠。在建筑物的凸缘或转角处应垫有防绳索磨损的衬垫。

5.10.4中3用坐板式单人吊具时，作业人员应先系好安全带，再将自锁器按标记方向安装在安全绳上，扣好保险，最后安装座板装置，检查无误后方可自行调整工作绳进行作业。

5.10.4中4每次施工前检查固定点、坐板、工作绳、安全绳、安全带、下降器、连接器、自锁器等零部件应齐全、可靠，连接部位应灵活、无磨损、锈蚀、裂纹。

5.10.4中5安全绳使用前，应进行静态和动态的力学试验，合格后方可使用。严禁两人共用一条安全绳。安全绳承受的负荷不得超过100kg。

5.10.4中6定点应设置牢固。每个固定点只供一人使用，工作绳和安全绳不得使用同一固定点。严禁利用屋面砖混砌筑结构、通气孔、避雷线等结构作为固定点。

5.10.4中8作绳、安全绳在建筑物的凸缘或转角处应有防绳索磨损的措施。

5.10.4中10工作绳、安全绳每次使用前、后都应进行检查，保存环境应干燥、通风，远离热源。

5.10.4 中 11 每年应按批次对工作绳、安全绳进行一次破断力试验。试验不合格时，该批安全绳严禁使用并做“禁止使用”标识；试验用安全绳应及时销毁。

6.5.4 中 3 滚动台上拼装容器采用卷扬机牵引时，钢丝绳应沿容器底部表面引出，并应在相反方向设置安全绳。

DL 5009.2—2013《电力建设安全工作规程　第 2 部分：电力线路》中有关规定：

3.4.33 的 2 中 2）坠落悬挂安全带的安全绳同主绳的连接点应固定于佩戴者的后背、后腰或前胸。

3.4.33 的 2 中 4）安全带、绳使用过程中不应打结。不得将安全绳用作悬吊绳。

7.7.4 附件安装时，安全绳或速差自控器应拴在横担主材上。安装间隔棒时，安全带应挂在一根子导线上，后备保护绳应拴在整相导线上。

10－29　缓冲器的原理是什么？

答：缓冲器亦称缓冲包或势能吸收器，如图 10－18 所示，其工作原理是当人体坠落时，利用撕开缝制的扁带来吸收下坠的动力和冲击能量，减少人体受力。缝合的扁带应用热塑材料包裹，撕开扁带的功能不应受天气的影响。

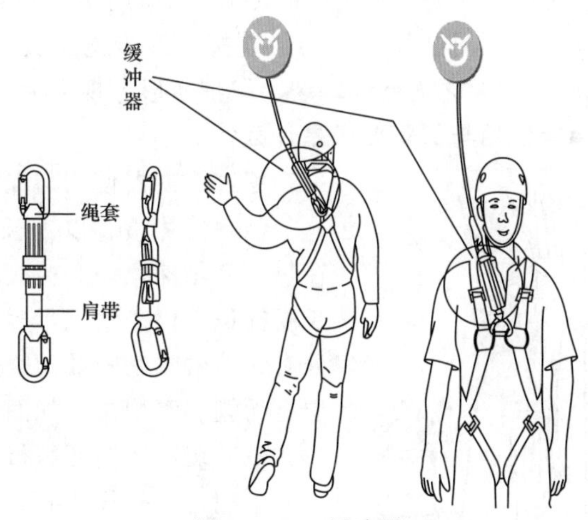

图 10－18　缓冲器

10－30　缓冲器机械性能试验的要求是什么？

答：对缓冲器进行机械性能试验即整体静载荷（2.5kN→6.0kN→22kN）考核试验，缓冲器承受的静载荷不大于 2.5kN 时，外裹的塑料包、内部缝合部位不得开裂，如图 10－19(a) 所示；承受的载荷达到 6.0kN 时，外裹的塑料包、缝制的扁带应绷裂、撕开，如图 10－19(b) 所示；缓冲器整体破断力应不小于 22kN，如图 10－19(c) 所示。织带型缓冲器承受冲击试验后，外裹的塑料包、缝制的编织带应快速由外层向内层逐层绷裂、撕开，但不应断裂。

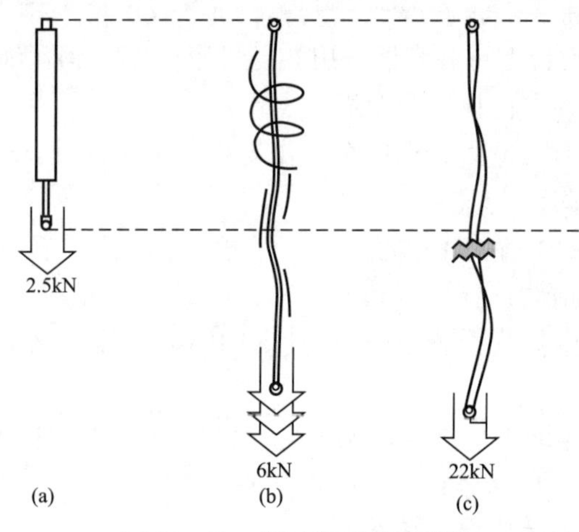

图 10－19　缓冲器承载示意图

(a) 静载荷要求；(b) 释放载荷要求；(c) 破坏载荷要求

10－31　缓冲器预防性试验要求是什么？

答：缓冲器预防性试验项目为静载荷试验，试验周期为 1 年。

将缓冲器两端分别与卧式拉力试验机连接，逐步施加负荷，直至 2.5kN，保持 5min。卸载后，缝合区无缝线绷裂、织带变形等现象为合格。

10－32　缓冲器使用与保管要求是什么？

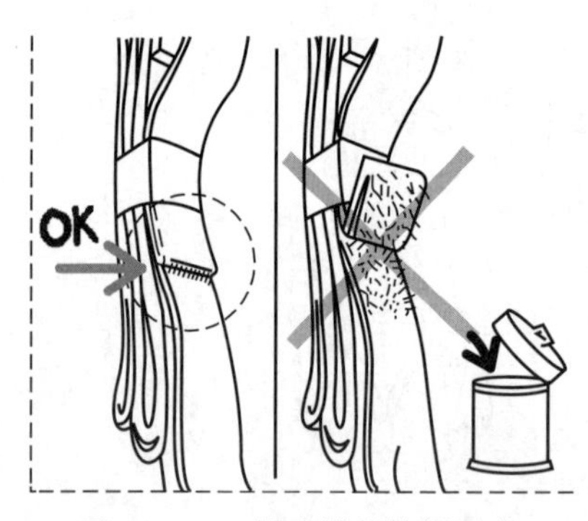

图 10－20　缓冲器的使用要求

答：缓冲器使用与保管要求如下：

(1) 使用 3m 以上长绳应加缓冲器。在每次使用前，务必检查缓冲器有无释放长度标识，检查编织带表面、边缘、软环处有无擦破、割断或灼烧等损伤，缝合部位有无绷裂等现象，如图 10－20 所示。

(2) 缓冲器撕开织带的功能不应受天气的影响，户外作业时，勿使缓冲器淋雨或受潮。

(3) 使用时应考虑有足够的空间。缓冲器的释放将减缓下坠的速度，吸收下坠的冲击力，但增加了作业人员的坠落长度，使用前若不对作业环境进行了解，将对作业人员造成伤害。

(4) 缓冲器应储藏在干燥、通风处，远离阳光、高温、化学品及潮湿之处。

10－33　防坠器的作用和种类有哪些？

答：防坠器是作业人员在高处作业时，用于防止人体坠落的一种防护装置，一般可分为速差式防坠器、导轨式防坠器和绳索式防坠器。

10－34　速差式防坠器的原理是什么？

答：速差式防坠器是一种悬挂于高处，作业时可随意拉出绳索（带索）使用，当人体坠落时，可利用速度的变化进行内部自锁并迅速制动的一种装置，可分为钢绳索速差式防坠器（图10－21）和合成纤维带速差式防坠器（图10－22）。其中合成纤维带速差式防坠器又可分为合成纤维宽带速差式防坠器和合成纤维窄带速差式防坠器两种。

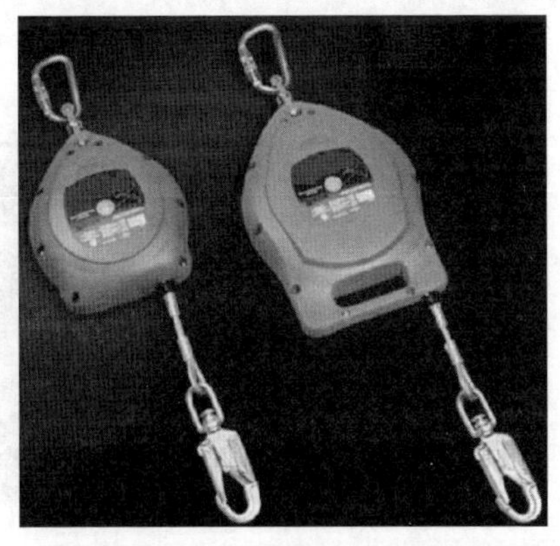

图10－21　钢绳索速差式防坠器

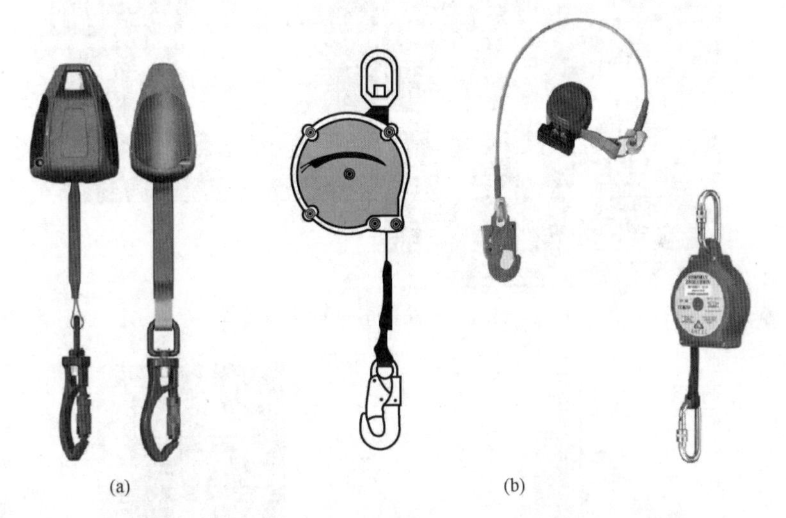

图10－22　合成纤维带速差式防坠器

(a) 合成纤维宽带速差式防坠器；(b) 合成纤维窄带速差式防坠器

10－35　导轨式防坠器的原理是什么？

答：导轨式防坠器是一种可在导轨内或外表面上下滑动，并在快速下滑时能迅速制动的一种装置，可分为型钢导轨式防坠器和圆钢导轨式防坠器（图10－23）。型钢导轨式防坠器又可分为外置型钢导轨式防坠器（图10－24）和内置型钢导轨式防坠器（图10－25）。

图 10-23　圆钢导轨式防坠器

图 10-24　外置型钢导轨式防坠器

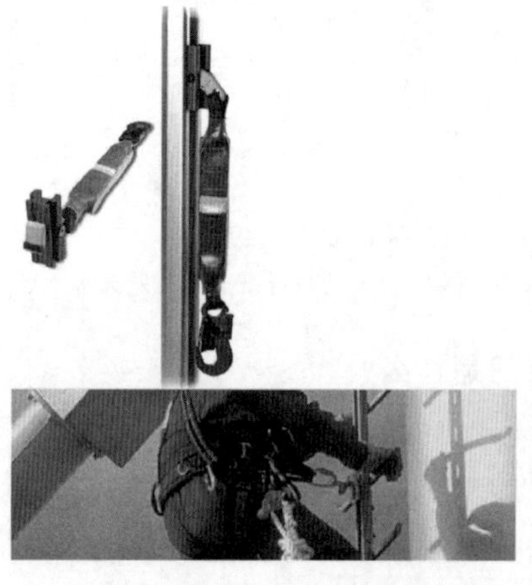

图 10-25　内置型钢导轨式防坠器

10－36　绳索式防坠器的原理是什么?

答：绳索式防坠器是一种既可用于锁紧绳索起人员空中定位作用，又可沿绳索外表面滑动但发生坠落时能自动锁紧的一种装置，工程俗称抓绳器。可分为锦纶绳式防坠器（图 10－26）和钢索式防坠器（图 10－27）。

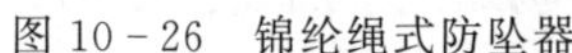

图 10－26　锦纶绳式防坠器

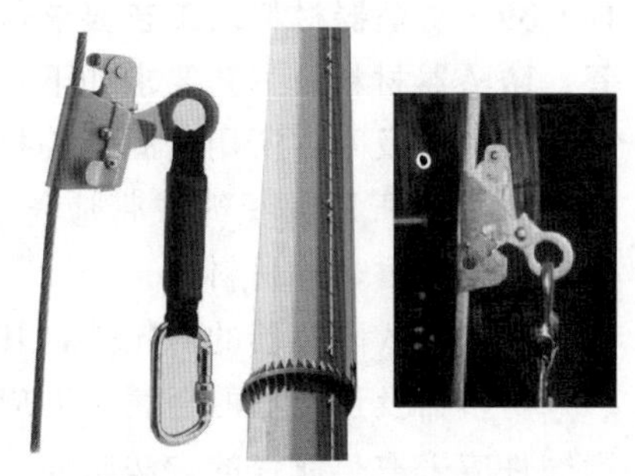

图 10－27　钢索式防坠器

10－37　防坠器外观质量要求是什么?

答：防坠器外观质量要求如下：

（1）防坠器及附件边缘应呈圆弧形，应无目测可见的凹凸等痕迹；壳体为金属材料时，所有铆接面应平整，无毛刺、裂纹等缺陷；壳体为工程塑料时，表面应无气泡、开裂等缺陷。

（2）防坠器及连接器应有明显的产品型号、安装方向、等级（如长度、载荷等）标识、商标（或生产厂名）、生产日期等，各部件应完整无缺、无锈蚀及破损。

（3）速差式防坠器内置的钢丝绳，其各股均应绞合紧密，不应有叠痕、突起、弯折、压伤、错乱交叉、灼伤及断股的钢丝；内置的合成纤维带应柔软、耐磨，其表面、边缘、软环处应无擦破、割断或灼烧等损伤。

（4）连接绳应粗细均匀、柔软、耐磨，绳中各股均应绞合紧密，不应有错乱交叉、灼烧及断股等损伤。

10－38　防坠器结构要求是什么?

答：防坠器结构要求如下：

（1）防坠器各部件应连接牢固，有防松动措施，应保证在作业中不松脱。

（2）速差式防坠器内置的钢丝绳，绳端环部接头宜采用铝合金套管压接方式，套管壁厚应不小于 3mm，长度应不小于 20mm；内置的合成纤维带，带两端环部接头应采用缝合方式，缝合末端会缝应不少于 13mm，且应增加一道十字或川字缝合线。速差式防坠器的出线口应设置避免钢丝绳或合成纤维带磨损的保护措施。

（3）系于前胸的连接绳长度应不大于 0.4m；系于背部的连接绳长度应不

大于 0.8m。连接绳直径宜控制在 12.5～16mm。连接绳两端环部接头应采用镶嵌方式，且每绳股应连续镶嵌 4 道以上，宜设置防磨损塑胶防护套。

（4）连接器应操作灵活，扣体钩舌和闸门的咬口应完整，两者不应偏斜，并有保险设置，连接器应经过两次及以上的手动操作才能开锁。

10－39　防坠器材料及工艺要求是什么？

答：防坠器材料及工艺要求如下：

（1）防坠器及附件所用紧固件等材料及工艺要求应符合相关标准的规定。

（2）防坠器所用编织绳或带应符合 GB 6095《安全带》的规定，使用锦纶、高强涤纶、蚕丝等材料。

（3）除速差式防坠器的棘轮外，其余受力部件不应采用铸造方式制造。

（4）防坠器及连接器的金属表面应进行防腐处理；防坠器内置的钢丝绳及各类紧固件应采取热镀锌的方法防腐（不锈钢丝绳及不锈紧固件除外）；所有塑料件应进行防老化处理。

10－40　防坠器性能要求是什么？

答：防坠器性能要求如下：

（1）防坠器及附件的使用环境温度应适用为－35～＋50℃。

（2）防坠器及附件额定制动载荷为 120kg，额定工作载荷为 100kg。

（3）防坠器在不小于 15kN 的静载荷作用下保持 5min，应无肉眼可见的变形损坏，能正常安装或拆卸；整体破断力应不小于 22kN。

（4）防坠器在（－35±2）～（＋50±2）℃范围内、干燥状态下，承受额定制动载荷坠落时，应无损坏，且锁止距离不大于 0.6m；承受额定工作载荷坠落时，锁止距离不大于 0.4m。防坠器（导轨式或绳索式）在浸水及浸油状态下，承受额定制动载荷坠落时应无损坏，且锁止距离不大于 0.7m；承受额定工作载荷坠落时，锁止距离不大于 0.5m。

（5）防坠器承受额定制动载荷坠落时，冲击力应小于 9kN；承受额定工作载荷坠落时，冲击力应小于 6kN。

（6）防坠器、连接器从 1m 高处自由坠落至水泥地面后，应不影响其性能，并能正常工作。

（7）防坠器出厂至应停止使用的有效年限为 4a，防坠器开始使用至应停止使用的有效年限为 3a。防坠器及附件经坠落、冲击动作后必须整体报废。

（8）速差式防坠器拉出的钢丝绳（或合成纤维带）卸载或锁止卸载后，即能自动回缩，不应有卡绳（或卡带）现象。经疲劳试验后，应无损伤；宜设置能识别是否发生过坠落、冲击动作的安全标识。

（9）导轨式防坠器应保证至少需要两个连贯的手动操作才能将防坠器安装在导轨上（或从导轨上拆卸），且保证防坠器与导轨之间配合紧密，不能脱离导轨移动；应能轻松沿导轨移动，并可在任何位置有效锁止而不下滑；经疲劳试验后，应无损伤。

（10）绳索式防坠器应保证至少需要两个连贯的手动操作才能将防坠器安装在绳索上（或从绳索上拆卸），且保证防坠器与绳索之间配合紧密，不能脱离绳索移动；在绳索上应能轻松上下移动，并能在任何位置有效锁止而不下滑；经疲劳试验后，应无损伤。

（11）连接绳在不小于15kN的静载荷作用下保持5min，应无断股现象；整体破断力应不小于22kN；连接器在不小于15kN的静载荷作用下保持5min，应无肉眼可见的变形损坏。

10-41　防坠器预防性试验要求是什么？

答：防坠器预防性试验项目和试样数量按表10-3规定。

表10-3　预防性试验项目和试样数量

序号	试验项目	试样名称/试验要求					试样数量（件）
		速差式防坠器	导轨式防坠器	绳索式防坠器	连接绳	连接器	
1	外观、组装	√	√	√	√	√	整批
2	空载动作	√	√	√			整批
3	静载荷	√	√	√	√	√	同批次总数的2%
4	坠落	√	√	√			同批次总数的1%

试样不足1件时按1件计。如试样不能通过外观、组装或空载动作试验，则该试样不合格。如有一套试样未通过静载荷或坠落试验，则在同批防坠器中抽取原试样数量的两倍，重做静载荷或坠落试验，如符合要求，则该批防坠器仍可使用。如仍有一套试样不符合要求，则该批防坠器应全部停止使用。预防性试验周期为1a。

10-42　防坠器外观、组装检验要求是什么？

答：防坠器的外观、组装质量以目测检查为主，应符合外观质量要求和结构要求的相关规定。

10-43　防坠器空载动作试验要求是什么？

答：防坠器空载动作试验要求如下：

（1）将速差式防坠器钢丝绳（或合成纤维带）在其全行程中任选5处，进行拉出、制动试验，拉出的钢丝绳（或合成纤维带）卸载或锁止卸载后，即能自动回缩，不应有卡绳（或卡带）现象。经疲劳试验后，应无损伤。

（2）将导轨式防坠器在垂直导轨的1.2m范围内，连续5次进行移动

（手提或推动）、制动试验，防坠器应能轻松沿导轨移动，并可在任何位置有效锁止而不下滑。经疲劳试验后，应无损伤。

（3）将绳索式防坠器在垂直绳索的1.2m范围内，连续5次进行上下移动（手提或推动）、制动试验，防坠器在绳索上应能轻松上下移动，并能在任何位置有效锁止而不下滑。经疲劳试验后，应无损伤。

10－44　防坠器静载荷试验要求是什么？

答：防坠器静载荷试验要求如下：

（1）将防坠器按工作状态安装，对防坠器沿垂直方向施加不小于15kN的静载荷，保持5min，应无肉眼可见的变形损坏，能正常安装或拆卸。

（2）对连接绳沿轴向施加不小于15kN的静载荷，保持5min，应无断股现象。

（3）对连接器沿轴向施加不小于15kN的静载荷，保持5min，应无肉眼可见的变形损坏。

10－45　防坠器坠落试验要求是什么？

答：防坠器坠落试验要求如下：

（1）速差式防坠器坠落试验，将防坠器上部固定，下部悬挂人体模型（额定工作载荷），试验时预拉出钢丝绳（或合成纤维带）0.8m并做零点标识，自由坠落后，防坠器在（－35±2）～（＋50±2）℃范围内、干燥状态下，锁止距离不大于0.4m，试验布置见图10－28。

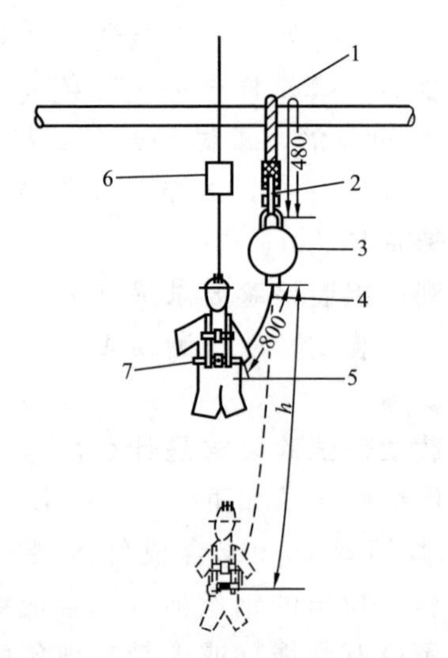

图10－28　速差式防坠器试验布置图

1—绳；2—安全钩；3—速差式防坠器；4—连接绳；5—人体模型；6—释放器；7—安全带；h—锁止后距离

（2）导轨式防坠器坠落试验，将防坠器安装在干燥垂直的导轨架上，悬挂人体模型（额定工作载荷），人体模型重心应高于防坠器中心 0.5m、距地面 3m 以上，并在导轨上做零点标识，自由坠落后，防坠器在（－35±2）～（＋50±2）℃范围内、干燥状态下，锁止距离不大于 0.4m；在浸水及浸油状态下，锁止距离不大于 0.5m，试验布置见图 10－29。

（3）绳索式防坠器坠落试验，将防坠器安装在上部固定的垂直绳索上，悬挂人体模型（额定工作载荷），人体模型重心应高于防坠器中心 0.5m、距地面 3m 以上，并在绳索上做零点标识，自由坠落后，锁止距离要求同导轨式防坠器，试验布置见图 10－30。

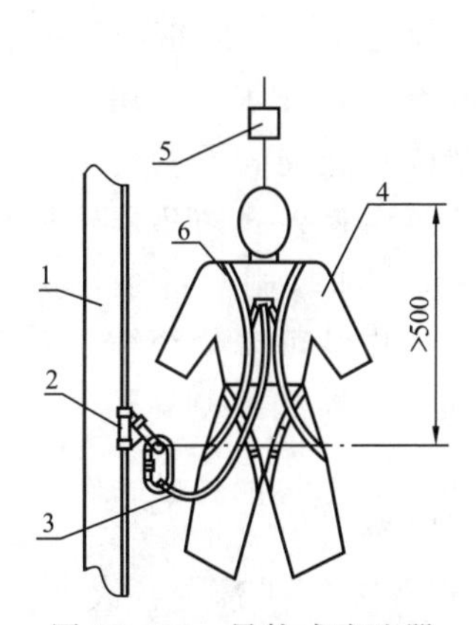

图 10－29　导轨式防坠器试验布置图

1—导轨；2—导轨式防坠器；3—连接绳；4—人体模型；5—释放器；6—安全带

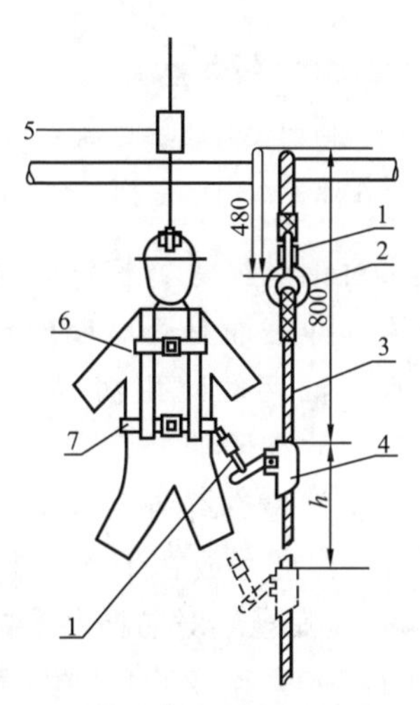

图 10－30　绳索式防坠器试验布置图

1—安全钩；2—安全环；3—绳索；4—绳索式防坠器；5—释放器；6—人体模型；7—安全带；h—锁止距离

10－46　防坠器标志、包装及运输要求是什么？

答：防坠器标志、包装及运输要求如下：

（1）在防坠器及附件的明显位置应有清晰的永久性标志，其内容包括：产品型号，安装方向，等级标识，商标（或生产厂名），生产日期。

（2）每件防坠器及附件均应有合适的包装袋，并附有产品说明书、产品合格证。产品说明书中应包括：用户须知（或安全警告），产品型号，使用方法，检查程序、维护（或保养）方法及报废准则等。

（3）防坠器在运输中，应防止雨淋，勿接触腐蚀性物质。

10－47　防坠器使用和维护要求是什么？

答：防坠器使用和维护要求如下：

（1）使用防坠器前应做外观检查，并试锁2～3次，如有异常应立即停止使用。

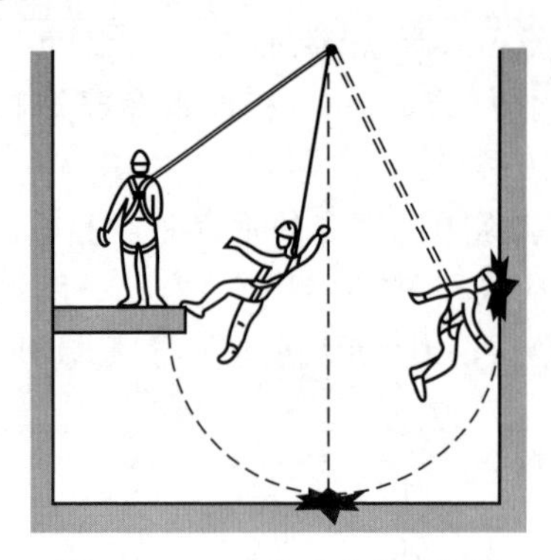

图10-31 速差式防坠器倾斜作业警示图

（2）使用速差式防坠器进行倾斜作业时，原则上倾斜度不超过30°，30°以上必须考虑是否有可能撞击到地面或周围物体，如图10-31所示。

（3）严禁速差式防坠器钢丝绳（或纤维带）在扭结状态时使用，严禁使用已进行过坠落试验或经历过坠落情况的防坠器，严禁将防坠器拆卸改装。

（4）速差式防坠器使用时不需加润滑剂，但应定期或不定期的维护。对钢绳索速差式防坠器（如钢丝绳浸过泥水等）用涂有少量机油的棉布对钢丝绳进行擦洗，擦洗工作既可清除钢丝绳表面的污垢，又能有效检查钢丝绳表面是否有断丝现象；对合成纤维带速差式防坠器（如纤维带浸过泥水、油污等）用清水（勿用化学洗涤剂）和软刷对纤维带进行刷洗，清洗完应放在阴凉处，让其自然干燥，擦洗工作既可清除纤维带表面的污垢，又能有效检查纤维带表面是否有切割、剖口、划痕等现象。

（5）防坠器应存放在干燥少尘的地方。

10-48 《安规》对防坠装置的使用要求有哪些？

答：DL 5009.1—2014《电力建设安全工作规程 第1部分：火力发电》中有关规定：

4.6.4中21施工升降机防坠安全器使用期不应超过五年，每年应重新检验、标定。

4.8.7中2升降设备、同步控制系统及防坠落装置等专项设备应配套，宜选用同一厂家产品。

4.8.7中4架体结构、附着支承结构、防倾装置、防坠装置、索具吊具、导轨（或导向柱）、升降动力设备的设计计算应符合《建筑施工工具式脚手架安全技术规范》（JGJ 202）的规定。

4.8.7中8脚手架上应设置消防设施。升降设备、控制系统、防坠落装置等应采取防雨、防砸、防尘措施。

4.8.7中9次使用前应对防倾覆、防坠落和同步升降控制的安全装置进行检查。

4.9.3的1中3）梯段高度大于3m宜设置安全护笼，单段梯高度大于7m时，应设置安全护笼，不能设置安全护笼时，应装设防坠设施。

5.2.7 的 1 中 4）吊笼的四角与井架不得互相擦碰，吊笼的固定销和吊钩必须可靠，并有防冒顶、防坠落的保护装置。

5.7.1 中 21 除筒壁模板时应采取可靠的防坠落措施。

5.8.11 采用龙门架及井字架物料提升机起吊砂浆及砖时，应明确升降联络信号。吊笼进出口处应设带插销的活动栏杆，吊笼到位后应采取防坠落的安全措施。

6.2.1 中 17 吊挂存放或中途暂停施工临时吊挂的设备、管道必须采取防坠落的二次保护措施。

6.3.2 的 14 中 3）具手柄应有绝缘并采取防坠落措施。

DL 5009.2—2013《电力建设安全工作规程　第 2 部分：电力线路》中有关规定：

3.3.1 中 6 高处作业时，宜使用全方位防冲击安全带，并应采用速差自控器等后备保护设施。安全带及后备防护设施应固定在构件上，不宜低挂高用。高处作业过程中，应随时检查扣结绑扎的牢靠情况。

3.3.1 中 9 高处作业人员在攀登或转移作业位置时不得失去保护。杆塔上水平转移时应使用水平绳或设置临时扶手，垂直转移时应使用速差自控器或安全自锁器等装置。杆塔设计时应提供安全保护设施的安装用孔或装置。

3.3.2 中 1 工中应避免立体交叉作业。无法错开的立体交叉作业，应采取防高处落物、防坠落等防护措施。

3.4.33 的 2 中 5）力高处作业防坠器的制造、验收及使用应符合现行行业标准《电力高处作业防坠器》(DL/T 1147) 的规定。

6.1.24 攀登高度 80m 以上铁塔宜沿有护笼的爬梯上下。如无爬梯护笼时，应采用绳索式安全自锁器沿脚钉上下。

10－49　安全网的作用是什么？

答：安全网是对高空作业人员和作业面整体防护的用具，如图 10－32(a) 所示，用来防止人、物坠落，以避免或减轻坠落伤亡及高处落物伤人的伤害。如架空线路施工中分解组塔时，必须使用安全网，如图 10－32(b) 所示。

10－50　安全网的分类有哪些？各自有什么作用？

答：根据功能，安全网分为平网、立网和密目式安全立网。

(1) 平网：网眼一般为 (30mm×30mm)～(80mm×80mm)，安装平面不垂直水平面，用来防止人或物坠落的安全网。

(2) 立网：网眼一般为 (30mm×30mm)～(80mm×80mm)，安装平面垂直水平面，用来围住作业面防止人或物坠落的安全网。

(3) 密目式安全立网：网目密度不低于 800 目/100cm^2，垂直于水平面安装，用来围住作业面防止人员坠落及坠物伤害的网。

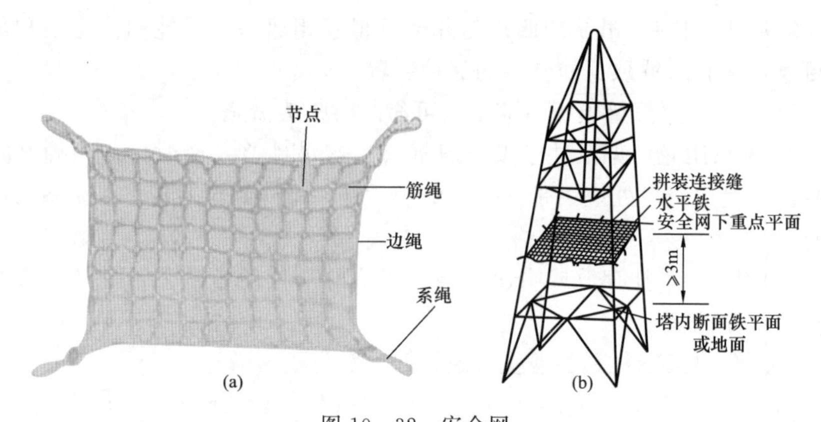

图 10－32　安全网

（a）安全网实物；（b）组塔时安全网的使用

10－51　平网和立网的组成及各组成件作用是什么？

答：平网和立网一般由网体、边绳、系绳和筋绳等组成，如图 10－33 所示，这些组成件的作用。

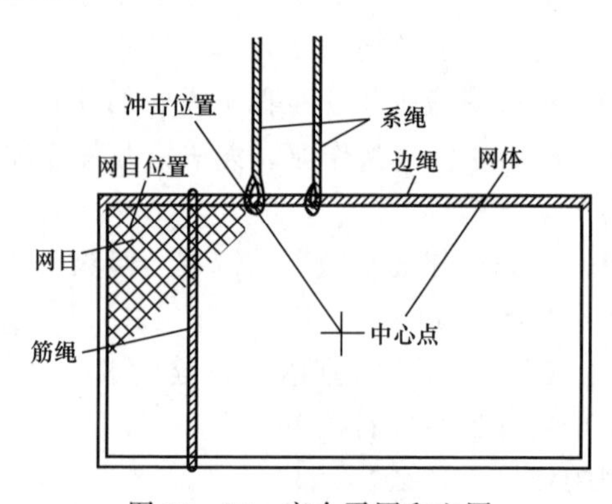

图 10－33　安全平网和立网

（1）网体：由单丝、线、绳等经编织或采用其他成网工艺制成的、构成安全网主体的网状物，其防护作用是用来接住坠落物或人。

（2）边绳：沿网体边缘与网体有效连接在一起的绳，构成安全网的整体规格，在使用中起固定和连接作用。

（3）系绳：连接在安全网的边绳上，使安全网在安装时能固定在支撑物上，在使用中起连接和固定作用。

（4）筋绳：按照设计要求有规则地分布在安全网上，与网体及边绳连接在一起的绳，在使用中起增强网体强度的作用。

10－52　密目式安全立网的组成及各组成件作用是什么？

答：密目式安全立网一般由网体、开眼环扣、边绳和附加系绳组成，如

图 10－34 所示，这些组成件的作用：

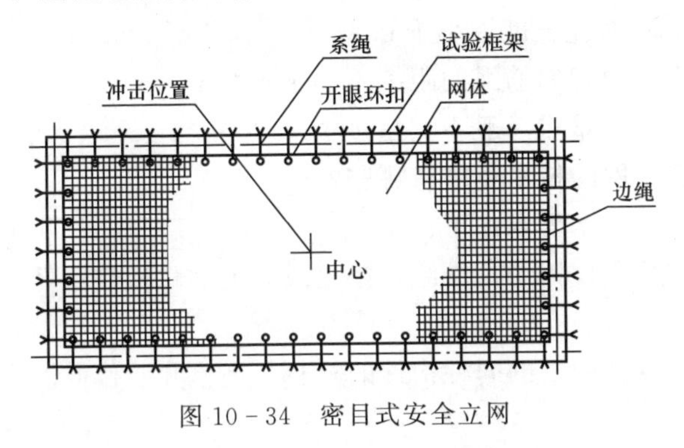

图 10－34　密目式安全立网

（1）网体。以聚乙烯为原料，用编织机制成网状体，构成密目式安全立网的主体，其防护作用是挡住作业面上人或物体坠落。

（2）开眼环扣。用金属材料制作而成，具有一定强度，中间开有孔的安装在密目式安全立网边缘上的环状扣。在使用中网体通过系绳和开眼环扣连接在支撑物上。两个环扣间的距离叫环扣间距。

（3）边绳。起加强密目式安全立网边缘强度作用的设置在网边缘上的绳。

（4）系绳。把密目式安全立网通过开眼环扣固定在支撑物上的连接绳。

10－53　安全网产品标记的组成是什么？

答：安全网产品标记的组成如下：

（1）平网和立网的产品标记由三部分组成，第一部分用中文给出名称和材料；第二部分用大写的英文字母给出安全网的类别，P、L 分别代表平网、立网；第三部分用数字给出安全网的规格尺寸，并在标记之后给出执行标准的代号，如宽 3m、长 6m 的锦纶安全平网记作：锦纶安全网－P－3×6GB 5725《安全网》；宽（高）4m、长 6m 的阻燃维纶安全立网记作：阻燃维纶安全网－L－4×6GB 5725。

（2）密目式安全立网的产品标记由两部分组成，第一部分用大写英文字母 ML 表示；第二部分用数字表示网的规格，并在标记的后面给出执行标准的代号，如宽（高）1.8m、长 6.0m 的密目式安全立网记作：ML－1.8×6.0GB 16909《密目式安全立网》。

10－54　安全网的规格要求有哪些？

答：安全网的规格要求如下：

（1）平网宽度不得小于 3m，立网宽（高）度不得小于 1.2m，密目式安全立网宽（高）度不得小于 1.2m，规格允许偏差在±2%以下。

（2）菱形或方形网目的安全平网和立网，其网目边长不大于 0.08m。

（3）平网和立网相邻两系绳间距不大于0.75m，密目式安全立网环扣间距不大于0.45m；系绳长度不小于0.8m。

（4）平网上两根相邻筋绳的距离不小于0.3m。

（5）每张安全网重量一般不宜超过15kg。

10-55 安全网的技术要求有哪些？

答：安全网的技术要求如下：

（1）安全网可采用锦纶、维纶、涤纶或其他的耐候性不低于上述品种耐候性的材料制成。

（2）同一张安全网上的同种构件的材料、规格和制作方法应一致，外观应平整。

（3）缝线不得有跳针、漏缝，缝边应均匀；每张密目式安全立网允许有一个缝接，缝接部位应端正牢固；不得有断纱、破洞、变形及有碍使用的编织缺陷。

（4）安全网所有节点必须固定，网体（网片或网绳线）断裂强力应符合相应的产品标准。

（5）边绳与网体连接必须牢固，平网边绳断裂强力不得小于7000N；立网边绳断裂强力不得小于3000N。

（6）系绳沿网边均匀分布，当筋绳、系绳合一使用时，系绳部分必须加长，且与边绳系紧后，再折回边绳系紧，至少形成双根。

（7）筋绳分布应合理，筋绳的断裂强力不大于3000N。

（8）密目式安全立网各边缘部位的开眼环扣必须牢固可靠；环扣孔径不低于8mm。

（9）用一个长100cm、底面积2800cm^2、重（100±2）kg的模拟人形沙包冲击安全网，安全网的冲击性能应符合表10-4的规定。

表10-4 安全网的冲击性能

安全网类别	平网	立网	密目式安全立网
冲击高度（m）	10	2	1.5
试验结果	网绳、边绳、系绳不断裂		网边（或边绳）不断裂，网体被冲断直线长度≤200mm，曲（折）线长度≤150mm

（10）阻燃安全网必须具有阻燃性，其续燃、阴燃时间均不得大于4s。

10-56 安全网预防性试验要求是什么？

答：安全网预防性试验以外观检查为主，在使用时进行。必要时抽样进行冲击性能试验或贯穿试验。

10－57　安全网的外观检查内容有哪些？

答：网体、边绳、系绳、筋绳无灼伤、断纱、破洞、变形及有碍使用的编制缺陷。所有节点固定。平网和立网的网目边长不大于0.08m，相邻两系绳间距不大于0.75m，系绳长度不小于0.8m。平网相邻两筋绳间距不大于0.3m。密目式安全立网的网目密度不低于800目/100cm²；相邻两环扣间距不大于0.45m。

10－58　安全网的冲击性能试验方法是什么？

答：储存期超过两年者，按0.2%抽样，不足1000张时抽样2张进行冲击试验。冲击试验后的安全网应报废。

将样网固定在试验框架上，提升人形沙包，使其位于样网中心点（冲击点）正上方，其底面与试验框架所在平面间距离等于冲击高度（见表10－4）。释放人形沙包使其自由落下，对样网进行冲击，安全网中各绳不断裂为合格。

10－59　密目式安全立网的贯穿试验方法是什么？

答：密目式安全立网的抽样方法与安全网的冲击性能试验一样。

（1）贯穿试验设备。

1）贯穿试验框架：具有与水平面倾斜30°的刚性框架一个，如图10－35所示（试验框架材料用碳素钢钢管）。试验框架的开口尺寸与试验网规格一致，如图10－36所示。

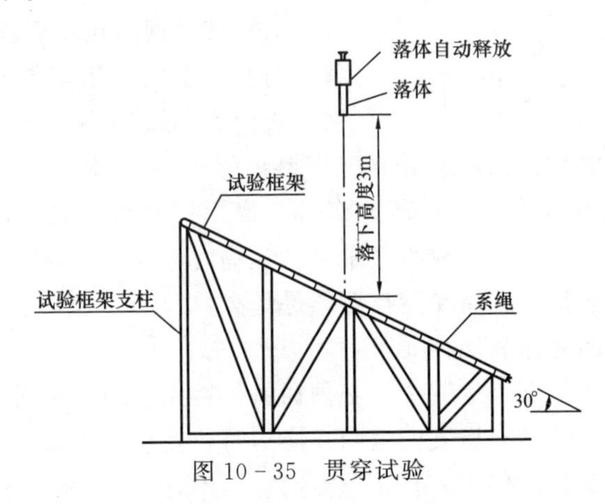

图10－35　贯穿试验

2）升降和释放装置：能升降和释放贯穿落体。

3）贯穿落体重量为（5000＋20)g，外形尺寸如图10－37所示。

（2）测试方法。

1）将贯穿落体挂在升降装置的释放器上，提升到规定高度，见图10－35。

2）将试验网紧绑在试验框架上，四周应紧贴框架，使其张紧。

3）调整贯穿落体距离，使落体底部距试验网的被冲击点为3m。

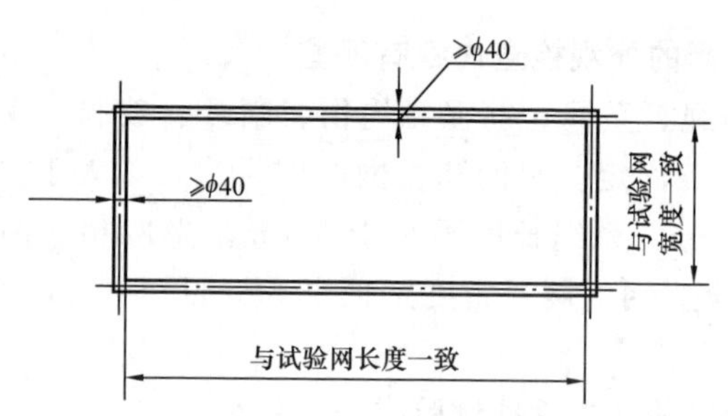

图 10－36　试验框架

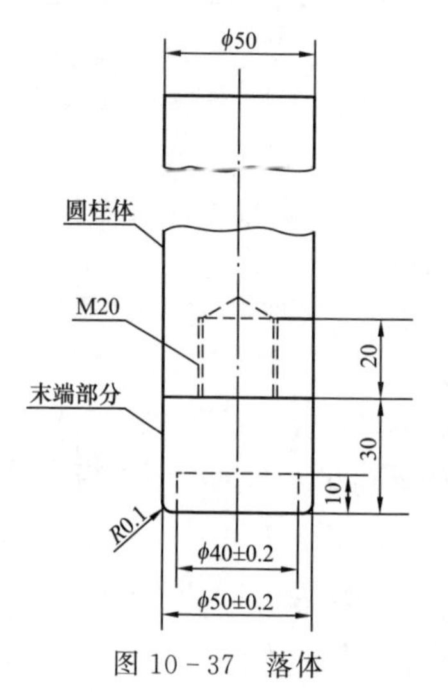

图 10－37　落体

4）释放贯穿落体，检查贯穿情况，记录损坏情况及损坏长度。

（3）判断结果。网体未被贯穿、各绳未损坏者为合格。

10－60　安全网的标志要求是什么？

答：安全网的标志包括以下内容：产品名称及分类标记；网目边长；制造厂名、厂址；商标；制造日期（或编号）或生产批号；有效期限；其他按有关规定必须填写的内容如生产许可证编号等。

10－61　安全网的包装要求是什么？

答：每张安全网宜用塑料薄膜、纸袋等独立包装，内附产品说明书、出厂检验合格证及其他按有关规定必须提供的文件（如安鉴证等）。外包装可采用纸箱、丙纶薄膜袋等，上面应有以下标志：产品名称、商标；制造厂名、地址；数量、毛重、净重和体积；制造日期或生产批号；运输时应注意的事项或标记等。

10－62　安全网的运输和储存要求是什么？

答：安全网的运输和储存要求：

（1）安全网在储存、运输中，必须通风、避光、隔热，同时避免化学物品的侵蚀和尖锐物的接触，袋装安全网在搬运时，禁止使用钩子。

（2）储存期超过两年者，按 0.2% 抽样，不足 1000 张时抽样 2 张进行冲击试验，符合标准规定要求后方可销售使用。

10－63　安全网的选用要求是什么？

答：安全网的选用要求如下：

（1）必须严格依据使用目的选择安全网的类型，立网不能代替平网使用。

（2）选用的安全网应有国家认可的质量监督检验部门的检验合格报告、生产单位质量检验合格证和安鉴证。

（3）旧网再次使用时必须经过耐冲击性能检验或耐贯穿性检验，无检验条件的单位可到国家认可的质检部门检验，合格后方可使用。

（4）受过冲击、做过试验的安全网不能再使用。

10-64　安全网的安装要求是什么？

答：安全网的安装要求如下：

（1）安装前要对安全网和支撑物进行检查，检查网的标记与自己所选用的网是否相符合，检查网体是否无任何影响使用的缺陷，检查支撑物是否有足够的强度、刚性和稳定性，检查系结安全网的地方有无尖锐的边缘，确认无误后方可安装。

（2）安装时，安全网上的每根系绳都应与支撑物系结，网体四周边绳应与支撑物贴紧，系结点沿网边均匀分布，系结应符合打结方便、连接牢固又容易解开、工作中受力后不会散脱的原则。有筋绳的安全网安装时还应把筋绳连接在支撑物上。密目式安全立网上的每个环扣都必须穿入符合规定的纤维绳，允许使用强力及其他性能不低于标准规定的其他绳索（如钢丝绳或金属线）代替。

（3）平网安装时，网面不宜绷得过紧，平网的安装平面或与水平面平行，或外高里低，一般以15°角为宜，平网安装后应有一定的下陷。当网面与作业面高度差大于5m时，网体应最少伸出建筑物（或最边缘作业点）4m；当网面与作业面高度差小于5m时，其伸出长度应大于3m。平网与下方物体表面的最小距离应不小于3m，两层平网间距离不得超过10m。

（4）立网的安装平面应与水平面垂直，网平面与作业面边缘的间隙不能超过10cm。

（5）密目式安全立网的安装平面垂直于水平面，边缘与作业人员工作面应贴紧密合，严禁作为平网使用。

（6）安装后的安全网应经专人检验，合格后方可使用。

10-65　安全网的使用要求是什么？

答：安全网的使用要求如下：

（1）使用时，应避免发生下列现象：随便拆除安全网的构件；人跳进或把物品投入安全网内；大量焊接或其他火星落入安全网内；在安全网内或下方堆积物品；倚靠或将物品堆积压向安全网；在粗糙或有锐边（角）的表面拖拉；安全网周围有严重腐蚀性烟雾。

（2）对于使用中的安全网，应进行定期或不定期的检查，当发生下列情况之一时应及时进行修理或更换：安全网受到较大的冲击后；安全网发生严重变形、磨损、断裂或破洞；安全网发生霉变；系绳松脱；网的搭接处脱开。

10－66　安全网的维护要求是什么？

答：安全网的维护要求如下：

（1）安全网应由专人保管发放，暂时不用的应存放在通风、避光、隔热、无化学品污染的仓库或专用场所，切勿接触高温、明火及腐蚀类物质。

（2）密目式安全立网使用中允许进行修理，修理后强度不低于原网强度，修后必须经专人检验合格后方可继续使用。

（3）应及时清除网上落物污染，保持安全网的清洁。

10－67　安全网的拆除要求是什么？

答：安全网的拆除要求如下：

（1）在保护区的作业完全停止后，方可拆除安全网。

（2）拆除工作应在有关人员严密监督下进行。

（3）拆除工作应从上到下进行，拆除时要根据现场条件采取必要的防护措施。

10－68　《安规》对使用安全网的规定有哪些？

答：DL 5009.1—2014《电力建设安全工作规程　第1部分：火力发电》中有关规定：

4.2.2的3中4）楼板、平台与墙之间的孔、洞，在长边大于500mm时和墙角处，不得铺设盖板，必须设置牢固的防护栏杆、挡脚板和安全网。

4.2.2的4中3）施工层的下一层的井道内设置一道硬质隔断，施工层以及其他层采用安全平网防护，安全网应张挂于预插在井壁的钢管上，网与井壁的间隙不得大于100mm。

4.8.1的20中5）在架子上翻脚手板时，应由两人从里向外按顺序进行。工作时必须挂好安全带，下方应设安全网。

4.10.1中5高处作业区周围的临边、孔洞、沟道等应设盖板、安全网或防护栏杆。

4.10.1中12高处作业人员不得坐在平台或孔洞的边缘，不得骑坐在栏杆上，不得躺在走道上或安全网内休息，不得站在栏杆外作业或凭借栏杆起吊物件。

4.10.2中3隔离层、孔洞盖板、栏杆、安全网等安全防护设施严禁任意拆除；必须拆除时，应征得原搭设单位同意，采取安全施工措施并设专人监护。作业完毕后立即恢复原状并经验收合格；严禁乱动非工作范围内的设备、机具及安全设施。

4.14.2中7涂刷外开窗扇的油漆时应将安全带挂在牢固的地方。油漆封檐板、水落管等应搭设脚手架或吊架。在坡度大于25°的地方作业时应设置活动板梯、防护栏杆和安全网。

5.6.2 的 4 中 6）高处绑扎圈梁、挑檐、外墙、边柱等钢筋时，应搭设外挂架和安全网，并系好安全带。

5.7.1 的 8 中 8）吊架应经负荷试验合格，其外侧应设栏杆，两侧和下部应设安全网。

5.7.1 的 9 中 7）平台及吊架的下方及内外侧均应设置全兜式安全网，并随筒壁升高及时调整，使其紧贴筒身内外壁。安全网内的坠落物应及时清除。

5.7.1 的 9 中 8）平台四周应设置 1.2m 高的栏杆，并围以孔眼不大于 20mm 的铅丝立网或安全网立网。在扒杆部位下方的栏杆应用管道或角铁加固。

5.7.2 的 9 中 5）在操作架下层工作时，应从指定地点上下，严禁任意攀越，且上、下过程不得失去保护。内外操作架必须拉设全兜式安全网。

5.7.2 的 14 中 5）内外脚手架必须设置安全网并拴挂牢固。组装滑升结构时，应对架子进行检查后方可攀登。

5.7.2 的 15 中 3）内外操作架（三角架）必须布设全兜式安全网。操作架（三角架）上的脚手板，应铺平垫实。

5.7.2 的 17 安全网布设：

1）塔内 15m 标高处宜设一层全兜式安全网。

2）塔外壁 10m 标高处宜设一圈宽 10m 的安全网。

3）顶层操作架的外侧应设栏杆及安全网。

4）钢制三角形吊架下应设兜底安全网。

5.8.3 墙身砌体高度超过地坪 1.2m 以上时，应搭设脚手架。采用外脚手架应设护身栏杆和挡脚板后方可砌筑。采用里脚手架砌砖时，必须安设外侧防护墙板或安全网。墙身每砌高 4m，防护墙板或安全网应随墙身搭设。

5.10.3 中 3 屋面周边和预留孔部位，应设置安全围栏和安全网。

6.2.3 中 10 锅炉钢架、受热面施工过程中应在炉膛内设置安全网，并对平台上的孔洞进行防护。

6.2.3 中 16 炉膛内进行交叉作业时，应搭设严密、牢固的隔离层并铺设防火材料；严禁用安全网代替隔离层。

6.2.6 的 2 中 3）冷平台作业时，安全防护设施应牢固、可靠，下方应铺设安全网。

参 考 文 献

[1] 余虹云，俞成彪，李瑞．电力安全工器具及小型施工机具使用与检测．北京：中国电力出版社，2007.
[2] 余虹云，李瑞．电力高处作业防坠落技术．北京：中国电力出版社，2008.
[3] 聂幼平，崔慧峰．个人防护装备基础知识．北京：化学工业出版社，2004.
[4] 胡毅．带电作业工具及安全工具试验方法．北京：中国电力出版社，2003.
[5] 山西省电力公司．电气安全工器具．北京：中国电力出版社，2001.